베이킹

MAKING DOUGH

반죽이 전부다

수학과 과학에 관심을 가지면 인생에 보탬이 될 날이 꼭 올 거라고 귀에 못이 박히도록 말씀하신 나의 아버지께 이 책을 바친다. 그때는 내가 버터 98파운드, 밀가루 180파운드, 설탕 50파운드 그리고 사과 82개를 사는, 수학 응용문제에나 등장할 법한 사람이 될 줄은 꿈에도 몰랐다.

베이킹 **반죽이 전부다**

초판 1쇄 2019년 5월 1일

지은이 러셀 반 크래옌버그 **옮긴이** 크리스탈 문
펴낸이 설응도 **편집주간** 안은주
영업책임 민경업 **디자인책임** 조은교

펴낸곳 라의눈

출판등록 2014 년 1 월 13 일 (제 2014-000011 호)
주소 서울시 강남구 테헤란로 78 길 14-12(대치동) 동영빌딩 4 층
전화 02-466-1283 **팩스** 02-466-1301

문의 (e-mail)
편집 editor@eyeofra.co.kr
마케팅 marketing@eyeofra.co.kr
경영지원 management@eyeofra.co.kr

ISBN : 979-11-88726-33-2 13590

베이킹
MAKING DOUGH
반죽이 전부다

밀가루, 버터, 물, 달걀, 설탕의 황금비율과

112가지 스위트 레시피

러셀 반 크래옌버그 지음 | 크리스탈 문 옮김

라의눈

CONTENTS

들어가며

페이스트리(pastry), 그리고 페이스트리에 생명력을 불어넣는 도우(dough)는 까다롭기로 유명하다. 복잡한 구조와 정밀한 레시피, 그리고 오랜 시간이 소요되는 기술이 필요하기 때문에 모험심을 가진 노련한 홈쿡(home cook)이라 해도 웬만해선 시도하지 않기 마련이다. 하지만 도우를 만든다는 것이 소문만큼 그렇게 어렵지는 않다!

페이스트리 장인들이 수년간 지켜온 비밀 하나를 공개한다. 그건 바로 12가지 도우 레시피만 알면, 그것으로 셀 수 없을 만큼 많은 페이스트리를 만들 수 있다는 것이다. 예를 들어 갈레트(galette, 팬케이크처럼 납작한 프랑스식 빵과자—옮긴이), 핸드 파이, 포트 파이(고기를 넣어 만든 파이—옮긴이), 크래커는 모두 파이 도우로 만든다. 도넛, 브리오슈 아 테트(brioche à tête), 롤은 브리오슈 도우로 만든다. 쇼트크러스트 도우 하나로 세이버리 타르트, 디저트 타르틀렛, 팝 타르트와 여러 종류의 쿠키를 만든다. 응용 방법은 무궁무진하지만 12가지 도우를 만드는 준비 과정은 동일하다. 당신이 어디에 살든 크루아상은 크루아상인 것처럼!

이 책은 당신이 12가지 도우를 능숙하게 만들 수 있도록 도울 것이다. 12가지 도우란 비스킷, 스콘, 파이, 쇼트크러스트, 스위트크러스트, 파트 아 슈, 브리오슈, 퍼프 페이스트리, 러프 퍼프 페이스트리, 크루아상, 데니시, 필로이다.

이와 함께 기본 도우로 만드는 82가지의 페이스트리와 응용 레시피, 그리고 30가지의 필링, 토핑, 글레이즈 레시피가 수록되어 있다. 도우의 종류, 테크닉, 필링, 토핑, 소스 등을 다양하게 조합하면 무한한 페이스트리를 만들 수 있다.

페이스트리 세계로의 초대

나는 늘 베이킹 고유의 단순성에 매료되었다. 기억하는 한 꾸준히 베이킹을 해왔고, 내가 좋아하는 페이스트리 속에 담긴 마법을 끄집어내 재창조하려고 노력했다. 재료의 단순한 조합(보통은 버터, 밀가루, 물)은 그 자체만으로도 수많은 풍미의 기초가 되어 끝없이 다양한 페이스트리 세계로 들어가는 문이 되어주었다.

내가 처음 베이킹을 시도한 곳은 어릴 적 살던 우리 집 뒤뜰이었고, 내가 사용했던 주재료는 진흙이었다. 파이틀이 어디론가 사라져서 새로 사야 할 때마다, 어머니의 얼굴에 낭패감과 자부심이 동시에 어리던 것을 또렷이 기억한다. 주방에서 처음으로 진짜 베이킹다운 베이킹을 감행했을 때도 부모님의 허락은 없었다. 밀가루보다 베이킹파우더를 더 많이 넣은 다음, 식감을 살린다고 치리오 시리얼을 더했던 걸로 어렴풋이 기억한다. 결과물은 초록색이었다.

이후 베이킹은 일상이 되었다. 우리 가족은 모두 단것을 좋아해서 내가 만든 음식을 함께 즐기는 것이 가족 행사의 하나가 되었다. 베이킹을 시작했을 때는 플라스틱 용기에 담긴 시판용 도우로 쿠키를 만들고, 원통형 종이 용기에 든 도우로 비스킷을 만들었다. 케이크 믹스로 케이크도 구웠다. 이후 점차 범위를 넓혀갔다. 곧 아무것도 주어지지 않은 '제로' 상태에서 비스킷 만들기에 도전했다. 레시피에 따라 케이크 반죽도 만들어 봤다. 급기야는 우리 집 냉장고와 주방 수납장에 있는 재료만으로도 쿠키 도우를 만들 수 있게 되었다. 아버지는 직접 크레이프를 만들기 시작했다. 하지만 우리가 정말 좋아한 페이스트리는 베이커리나 페이스트리 가게에서 살 수밖에 없었다. 집에서 아예 처음부터 페이스트리를 만든다는 것은 상상할 수도 없었다. 우리는 파이나 타르트 크러스트조차 시도해보지 않았다. 단순히 너무 어려워서 혹은 그렇게 착각해서였다!

혼자 살며 스스로 요리를 한 지 10년 가까이 지나서, 집밥과 홈메이드 디저트가 그리워진 나는 그리도 어렵게 보이던 페이스트리 세계로 탐험을 떠났다. 페이스트리를 쉽게, 누구라도 만들 수 있게 하자는 목표를 가지고 말이다. 그것이 얼마나 잘한 일인지 모른다. 당신도 그렇게 되길 바란다. 자, 이제 시작해보자!

시작하기

이 책을 통해 당신이 완전히 제로에서 시작해 집에서 맛있는 페이스트리를 만들 수 있게 되기를 바란다. 우선, 베이킹 뒤에 숨어 있는 과학과 수학을 살펴보면서 재료의 비율을 바꾸면 결과물이 얼마나 심각하게 달라지는지 알아볼 것이다. 그리고 다양한 종류의 도우에 대해 배운 다음, 그 도우를 갖가지 모양으로 만들거나 여러 가지 베이킹 팬에 넣은 뒤 다양한 필링과 토핑을 더해 조합해볼 것이다. 도우의 변신은 무한하다!

12가지 기본 도우의 레시피는 '5가지 숫자의 비율'로 간단히 정리된다. 5가지 숫자란 플라워(flour, 밀가루를 포함한 곡물 가루나 견과류 가루-옮긴이), 지방, 리퀴드, 감미료, 달걀의 양이다. 비율을 조절하면, 즉 재료의 비례를 달리하거나 어떤 재료를 다른 재료로 대체하면 나만의 레시피를 만들 수 있다. 이 비율을 이해하면, 제로에서부터 순수하게 자기 손으로 페이스트리를 만들 수 있다. 베이킹이 재미있어지는 것이다.

도우란 무엇인가?

모든 도우의 기본은 플라워(대개 밀가루)와 리퀴드(대개 물이나 우유)다. 여기에 지방(버터, 라드, 쇼트닝 등), 설탕 또는 감미료(꿀, 메이플 시럽, 옥수수 시럽 등), 팽창제(효모, 베이킹소다, 베이킹파우더, 공기 등), 달걀, 소금, 맛내기 재료(flavoring)가 들어갈 수 있다. 도우란 위 재료의 혼합으로 이루어진 모든 결과물을 말한다. 단 도우와 비슷하긴 하지만 배터(batter)는 제외된다. 배터란 와플, 팬케이크, 머핀, 케이크 등, 반죽을 부어 만드는 부드러운 식감의 디저트 종류에 사용된다. 이 책에서는 배터가 아닌, 오직 손으로 만져 반죽하는 도우를 다룰 것이다.
도우 간의 차별점은 재료들 간의 상호관계에서 비롯된다. 예를 들어 파이 도우, 비스킷 도우, 퍼프 페이스트리 도우의 주재료 3가지는 플라워, 버터, 리퀴드다. 주재료의 양을 조절하면 크럼(crumb)의 크기에서부터 식감과 풍미까지 완전히 다른 무언가를 창조할 수 있다. 베이컨 체다 비스킷의 쫀쫀함과 밀푀유의 구름 같은 가벼움의 차이를 떠올려보라.
그러나 페이스트리 베이킹은 단순히 재료의 양을 조심스럽게 조절하는 것 이상이다. 재료를 혼합할 때는 올바른 방법을 사용해야 한다. 반죽하는 방법에 따라 도우의 식감, 무게, 강도를 조절할 수 있다. 도우의 재료를 건축자재에 비유한다면, 비율은 설계도에 해당하고 반죽법은 건설팀이라 할 수 있다. 나머지는 어떤 베이킹 도구를 사용하고 어떤 향신료를 더하느냐에 따라 달라진다.

이 책에서 다루지 않는 도우

이 책에서는 페이스트리 도우만 다루기 때문에 배터를 포함하여 몇몇 도우는 제외되었다. 대표적인 것이 파스타 도우다. 때로 달걀이나 지방을 더하기도 하지만, 기본적으로 파스타 도우에는 물과 플라워만 들어간다. 식빵(bread) 도우 역시 다루지 않는다. 워낙 종류가 다양해서 그것만으로 책 한 권이 부족하기 때문이다. 식빵 종류 중에서는 예외로 브리오슈 도우만 다룬다(117P 참조).

용어

다음은 이 책에서 자주 등장하는 페이스트리 관련 용어들이다.

베이크드 굿(baked good): 구워진 페이스트리, 베이킹의 결과물.

크럼(crumb): 베이크드 굿의 최종 식감.

지방: 풍미를 더하거나 특정 식감을 내기 위해 사용된 버터, 라드 또는 쇼트닝.

맛내기 재료(flavoring): 바닐라 추출물과 같이 도우의 맛을 향상시키기 위해 쓰는 모든 재료.

플라워(flour): 곡물, 씨리얼, 견과류를 빻은 가루.

글루텐(gluten): 플라워와 리퀴드가 섞여서 형성되는 단백질. 도우의 기본 구조를 만든다.

라미네이션(lamination): 도우를 밀고(rolling), 접고(folding), 돌리는(turing) 방식을 통해 도우와 버터가 번갈아가며 겹겹이 층을 만들게 하는 기법

팽창(leavening): 베이킹 전이나 베이킹 도중에 도우의 식감에 영향을 주는 기포를 형성시키는 과정, 또는 반죽 과정의 부산물.

리퀴드(liquid): 글루텐 형성을 돕거나 풍미를 더하거나 또는 식감에 도움을 주는 물, 우유, 주스나 기타 액체.

비율(ratio): 레시피에 사용되는 재료들 간의 관계를 숫자로 표시한 것.

계량

베이킹을 할 때는 3가지 계량 방법을 사용한다. 첫 번째는 눈대중으로 계량하는 방법인데 이것은 추천하지 않는다. 두 번째는 부피로 계량하는 방법이다. 아마 아주 어린 시절부터 어머니가 계량컵과 스푼을 사용하는 모습을 보았을 것이고, 당신 역시 지금 이 방법을 사용할 것이다. 세 번째는 무게(전문용어로는 질량), 즉 저울로 재는 방법이다. 이 책에서는 주로 세 번째 방법을 사용한다.

각 재료마다 질감과 밀도가 다르기 때문에 부피보다는 질량으로 계량하는 것이 훨씬 정확하다. 설탕 1온스의 부피는 밀가루 1온스 부피의 반밖에 되지 않는다. 다시 말하면 설탕 1컵은 대략 8온스, 밀가루 1컵은 4온스이다. 계량컵에 재료를 얼마나 꾹꾹 눌러 담느냐에 따라, 또 어떻게 푸느냐에 따라, 심지어 주방 수납장에 얼마나 오래 있었느냐에 따라 부피에 엄청난 차이가 생긴다. 밀가루와 갈색설탕의 경우가 특히 그렇다. 페이스트리를 잘 만들려면 정확한 계량은 필수다.

간단한 테스트를 직접 해보자. 봉지 속 밀가루를 스푼으로 떠서 계량컵에 담는다. 컵을 꽉 채우되 절대 꾹꾹 눌러 담지는 않는다. 다음에 나이프로 컵 위를 살짝 깎아 평평하게 만든 후, 계량컵의 밀가루를 볼에 옮겨 담아 주방용 저울로 무게를 잰다. 다음에는 같은 과정을 반복하되, 밀가루 봉지에 스푼을 넣지 말고 직접 계량컵을 넣어 담는다. 그리고 손바닥으로 살짝 누른다. 첫 번째 잰 것이 두 번째 잰 것보다 1온스 정도 더 무거울 것이다. 1온스는 엄청난 차이다. 마른 재료를 사용할 때는 항상 무게를 기준으로 하자.

*이 책에서 1컵은 250㎖, 1테이블스푼은 15㎖, 1티스푼은 5㎖이다(옮긴이).

때로는 눈대중도 필요하다

많은 양의 밀가루를 눈대중으로 계량하는 것은 권하지 않지만, ½티스푼 또는 1티스푼 분량의 소금을 손바닥에 올려놓고 대충 어느 정도가 되는지 기억해두면 편리하다. 베이킹소다, 베이킹파우더, 설탕, 그리고 조금씩 자주 사용하는 재료 역시 눈대중 분량을 알아두면 좋다.

비율(ratios)

비율이란 말에 움찔하게 되는가? 맞다, 비율은 수학을 의미한다! 그래도 도우에 들어가는 재료의 비율을 알아두면 여러모로 편리하다. 도우의 양을 결정할 때뿐 아니라, 이 책에 소개된 다양한 도우의 차이를 이해하는 데도 도움이 된다. 8:7:2란 비율을 보는 순간, 그것이 플라워, 버터, 물의 비율이라는 걸 이해하고 밀가루 8온스를 볼에 담은 뒤, 버터 7온스를 잘라 넣고, 물 2온스를 섞어 맛있는 파이 도우를 만들 수 있다. 또한 밀가루 16온스, 버터 14온스, 물 4온스를 섞거나 밀가루 2컵, 버터 ¾컵과 2테이블스푼, 물 ½컵을 섞어도 같은 도우가 나온다는 사실도 알게 된다(1컵=16테이블스푼=8액량온스). 수학이 이토록 쓸모 있다는 걸 학창시절엔 상상도 못했다.

베이킹에 비율을 사용하는 것이 새로운 일은 아니다. 전문 키친에서 가장 흔히 쓰이는 레시피 표시법, 즉 베이커스 퍼센티지(baker's percentage)도 비율을 기준으로 한다. 이는 다른 재료의 분량과 상관없이 항상 플라워가 100%로 표시된다. 만약 플라워 8온스에 설탕 2온스가 들어간다면, 레시피에서 설탕은 25%로 표시된다. 대량으로 베이킹을 할 때는 베이커스 퍼센티지가 좋지만, 홈 베이킹에서는 다소 복잡한 면이 있어 비율을 쓰는 것을 권한다.

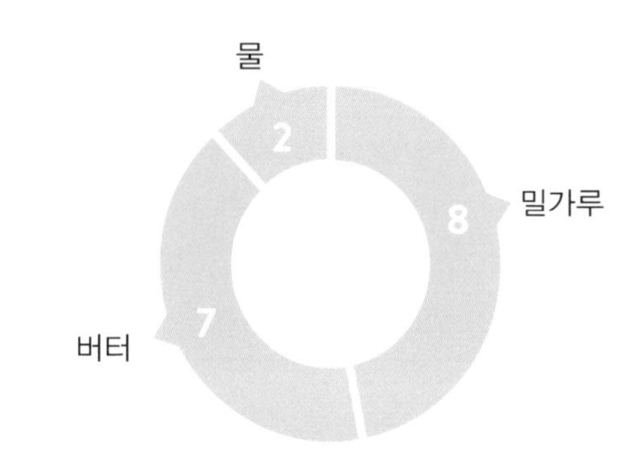

재료

도우는 플라워, 지방, 달걀, 리퀴드, 그리고 설탕(감미료)의 5가지 주재료로 구성된다. 모든 도우에 5가지 재료가 다 들어가는 것은 아니지만 도우의 주재료로서 이 책에 자주 등장할 것이다. 5가지 재료 각각의 양과 재료 간의 관계가 도우의 레시피를 결정짓고 다른 도우와의 차별점이 된다. 팽창제나 소금도 중요한 재료이고, 필수적이지는 않지만 맛내기 재료들도 베이크드 굿의 퀄리티를 높여준다.

플라워(flour)

플라워는 곡식을 분쇄한 것으로 주로 밀가루를 사용하지만, 견과류나 채소류 가루를 넣기도 한다. 플라워에 함유된 단백질, 전분, 섬유질이 다른 재료와 어떻게 어우러지느냐에 따라서 다른 결과를 만들어낸다. 이런 다양성 때문에 플라워는 베이킹의 최고 재료이자 모든 도우의 기본이 된다.

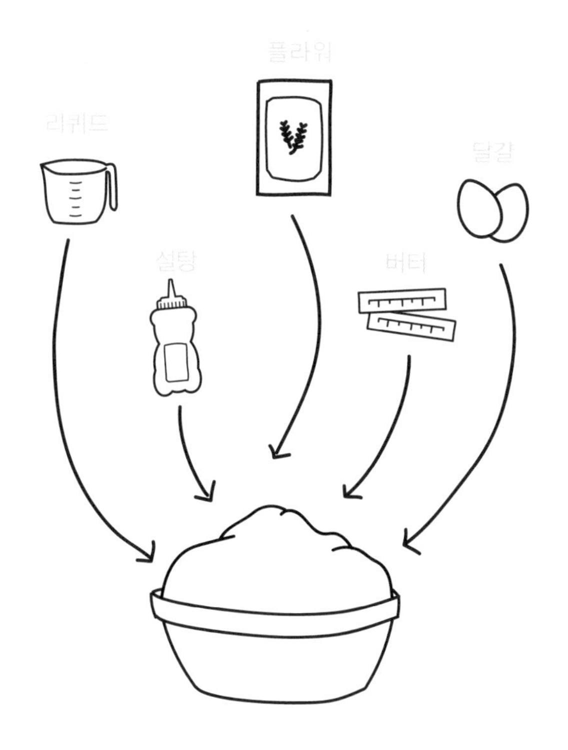

그렇다면 플라워는 정확히 어떤 역할을 할까?

1. 플라워에 함유된 단백질(글루테닌 또는 글리아딘)은 물과 결합해 도우의 주된 골격인 글루텐을 생성한다. 글루텐은 베이킹 과정에서 도우가 특정한 모양으로 부풀게 한다. 플라워의 단백질은 베이크드 굿의 마지막 식감에도 영향을 미친다.

2. 플라워에 함유된 전분은 글루텐이 형성한 골격을 지탱하고 발효소와의 상호작용을 돕는다. 베이킹이 끝난 후 베이크드 굿의 모양을 유지시켜준다.

3. 플라워는 도우의 풍미를 돋운다.

4. 플라워의 전분은 리퀴드와 섞이면 걸쭉해지므로 필링(filling), 소스, 그레이비(gravy, 고기의 육즙을 활용한 소스–옮긴이)의 농도를 조절하는 역할을 한다.

5. 플라워에 함유된 천연 당분은 조리 과정에서 캐러멜을 형성하여 빵의 색감과 식감을 만든다.

이제 대표적인 플라워인 밀가루의 쓰임새에 대해 알아보자. 밀가루의 종류는 단백질 함량에 따라 나눠진다. 단백질 함량이 높을수록 쫄깃한 식감을 내고, 단백질 함량이 적으면 부드러운 식감을 만든다.

밀가루의 종류

밀가루의 단백질 함량에 따라 글루텐 생성에 차이가 난다. 단백질이 많을수록 글루텐이 많이 생성되고, 글루텐이 많아지면 식감이 단단해진다. 반죽 시간 역시 글루텐 생성에 영향을 미친다. 반죽 시간이 짧으면 글루텐이 적게 생성되고, 길면 글루텐이 많이 생성된다.
그렇다면 언제 어떤 밀가루를 사용해야 할까? 주방 수납장에 박력분과 강력분 밀가루를 항상 구비해놓도록 하자. 이 책에서는 둘을 따로, 혹은 섞어서 사용한다. 예를 들어, 강력분과 박력분을 1:1, 혹은 3:2 비율로 섞으면 중력분과 대략 비슷해진다. 강력분과 박력분을 2:3 비율로 섞으면 페이스트리용 밀가루가 만들어진다. 하지만 모든 레시피에 중력분을 사용해도 무방하다. 다만 레시피에 적힌 밀가루의 총량을 정확하게 지켜야 한다.

밀가루의 종류	단백질 함량	최적의 용도
박력분(케이크용 밀가루)	6-8%	비스킷, 스위트크러스트 도우
페이스트리용 밀가루	7-10%	퍼프 페이스트리, 크루아상, 데니시 도우
중력분(다목적용 밀가루)	9-12%	스콘, 쇼트크러스트, 크루아상, 브리오슈 도우
강력분(제빵용 밀가루)	11-15%	파이, 스콘, 브리오슈, 파트 아 슈, 필로, 퍼프 페이스트리 도우
통밀가루	10-18%	식빵, 리치 페이스트리 도우

다른 곡물이나 견과류 가루

밀이 아닌 곡류나 견과류를 분쇄한 플라워는 밀가루만으로는 낼 수 없는 풍미를 제공한다. 귀리 가루, 보리 가루, 아몬드 가루 혹은 피칸 가루 등도 베이킹에 사용할 수 있다. 밀가루 분량의 최대 20%까지는 대체해도 무방하다. 80%는 반드시 밀가루를 사용하도록 한다.

보관하기

밀가루는 대부분의 다른 재료들과 마찬가지로 보관에 취약하다. 밀가루엔 소량이지만 수분이 들어 있는데, 시간이 지나면서 모두 증발하거나 반대로 공기 중의 습기를 빨아들이기도 한다. 통밀가루(수분 함량이 높고 유분을 함유하고 있다)는 산패하기 쉽다. 개봉한 후에는 가능한 한 공기가 들어갈 공간이 적은 밀폐용기에 옮겨야 한다. 또한 오븐이나 가스레인지에서 멀리 떨어진, 서늘하고 어둡고 건조한 수납장에 보관하자.

유통기한이 다 될 때까지 밀가루를 가지고 있는 경우는 없지만(내 주방 수납장에 들어온 밀가루는 2주 이내에 베이킹에 쓰인다), 흰 밀가루는 제조 이후 6개월 이내에, 통밀가루는 한 달 이내에, 견과류 가루는 일주일 이내에 사용하는 것이 좋다. 견과류나 곡류를 직접 분쇄해 사용하려면, 즉시 사용하거나 밀폐용기에 넣어 냉동하길 바란다. 밀가루를 자주 사용하지 않는다면 소량씩만 구입하자. 그리고 어떤 재료든 안 좋은 냄새가 나면 사용하지 말라는 것이 내 경험상의 법칙이다.

리퀴드(liquid)

리퀴드는 글루텐 형성에 도움을 줄 뿐 아니라 도우의 풍미에도 영향을 미친다.

물

도우를 만들 때 가장 흔히 쓰이는 리퀴드는 물이다. 물은 지역마다, 브랜드마다, 심지어는 필터의 종류에 따라서도 맛이 달라져 그 차이가 베이킹의 결과에 영향을 줄 수 있다. 필터에 거른 물이 가장 깨끗하고 잡미가 없다.

우유

우유에는 소량의 지방이 함유되어 물이 낼 수 없는 진한 맛과 유제품 특유의 익숙하고 크리미한 식감을 더해준다. 대부분의 베이크드 굿에서 우유 대신 물을, 물 대신 우유를 써도 된다. 그러나 효모로 발효하는 도우엔 주의해야 한다. 우유에는 효모를 억제하거나 죽일 수 있는 단백질이 들어 있기 때문이다. 효모 발효 도우에 우유를 섞으려면 60도 이상으로 데웠다가 식혀서 사용해야 한다. 그래야 보다 통제된 환경에서 도우를 발효시킬 수 있다.

레몬즙

우유와는 달리, 레몬즙은 물 대신 사용하면 안 된다. 산성을 띠고 있어 베이킹에서는 극히 소량만 사용한다. 레몬즙은 다음과 같은 역할을 한다.

1. 도우의 베이킹소다를 활성화시킨다.
2. 머랭의 달걀흰자를 안정시킨다.
3. 과도한 단맛을 상쇄한다.
4. 새콤한 맛을 더한다.
5. 설탕이 기본으로 들어가는 레시피(잼 또는 시럽)에서 당도를 높여준다.

레시피에 레몬즙이 있다면, 레몬에서 직접 즙을 짜서 사용한다. 병에 담겨 시판되는 것은 가급적 피하자.

지방(fat)

도우에서 또 하나의 중요한 재료는 지방이다. 겹겹이 층을 이루는 페이스트리 도우에서는 지방이 특히 중요한데, 베이크드 굿의 구조와 식감을 결정짓는 필수 요소이며 풍미를 더하는 데도 기여하기 때문이다.

식감(texture)

파이 크러스트, 비스킷, 퍼프 페이스트리, 크루아상, 데니시에서 지방이야말로 식감을 내는 슈퍼스타다. 이때 지방을 도우와 골고루 섞지 않고 일부러 분리되도록 둔다. 파이 도우와 비스킷에서, 지방은 작은 알갱이와 길고 가는 조각 형태로 도우 전체에 골고루 퍼져 있다. 또 퍼프 페이스트리, 크루아상, 데니시에서는 일정한 두께의 도우 층 사이에서 종잇장같이 얇은 띠의 형태를 만든다. 지방은 도우를 구울 때 증발하는데, 이때 팽창제 역할을 하여 도우를 살짝 부풀린다. 지방이 완전히 증발되면 2가지, 즉 공기와 풍미를 도우 사이사이에 남긴다. 이 과정을 통해, 이런 종류의 페이스트리에서 공통적인 얇고 결결이 분리되는 식감이 형성된다.

도우를 잘 치대야 하는 브리오슈의 경우, 도우의 탄력성과 유연성을 향상하기 위해 지방을 첨가한다. 쇼트크러스트처럼 반죽이 버무려질 만큼만 지방을 섞으면 매끄럽고 보들보들하며 쉽게 부서지는 식감을 낸다.

풍미(flavor)

지방은 풍미를 더하는데, 버터가 최상의 재료일 것이다. 베이컨이나 특정 오일처럼 강한 맛을 내는 지방은 다른 재료들과 항상 어울리지는 않는다. 얇게 결결이 분리되는 식감을 낼 때는 버터에 비해 라드나 쇼트닝이 효과적이지만, 풍미가 많이 떨어지므로 나는 사용하지 않는다. 라드나 쇼트닝은 버터보다 녹는점이 높아 도우에 흡수되기 어려워서, 먹었을 때 입안에 막이 덮인 듯한 느낌을 받을 수 있다.

달걀

달걀이 들어가는 도우 레시피에서 달걀은 핵심 재료다. 달걀의 역할은 다음과 같다.

1. 휘핑하거나 크림 상태로 만든 달걀은 발효를 돕는다.
2. 달걀은 물과 오일을 유화시켜 잘 섞이게 한다.
3. 달걀은 베이킹하는 동안 도우의 구조를 유지해주고, 베이킹이 끝난 후에는 밀가루의 전분이 도우의 구조를 유지하도록 돕는다.
4. 달걀은 도우나 배터(묽은 반죽)에 지방 입자를 잘 스며들게 함으로써 지방이 겉돌지 않게 돕는다.
5. 달걀을 커스터드나 크림에 사용하면 풍미가 더욱 좋아지고 농도가 진해진다.
6. 지방과 마찬가지로, 달걀도 베이크드 굿의 수분을 유지해 저장성을 좋게 한다.
7. 달걀은 페이스트리의 겉모양에도 영향을 미친다. 달걀흰자는 색을 환하고 하얗게 해주고, 달걀노른자는 색을 어둡고 황금빛이 돌게 한다.
8. 달걀물은 페이스트리들을 한 덩어리로 만드는 접착제 역할을 하고, 베이크드 굿에 색감을 더한다.

달걀 대체용 제품이 시판되고 있지만, 그 어느 것도 진짜 달걀만큼의 역할을 하지 못한다.

보관하기

달걀은 상온 보관해도 괜찮지만, 냉장 보관할 경우 유통기한이 약 4배로 늘어난다(상온 보관은 1주일, 냉장 보관은 1개월 이상). 달걀 껍데기엔 작은 구멍이 있어 주위의 냄새를 흡수하므로 구입 시의 포장 그대로 보관하거나 밀폐용기에 옮겨 보관한다. 흰자와 노른자를 분리했거나 섞었다면 반드시 밀폐용기에 담아 냉장 보관하자. 노른자는 껍데기에서 분리한 그날 써야 하고, 흰자는 일주일간 냉장 보관할 수 있다. 흰자와 노른자를 섞었다면 3일간 보관 가능하다. 달걀의 신선도가 의심된다면 내 규칙을 기억하라. 안 좋은 냄새가 나면 버린다!

크기와 품질

달걀의 크기는 차이가 매우 크다. 나는 이 책에서 계량을 위한 기준으로 A등급의 큰 달걀을 사용한다. 무게는 보통 껍데기가 20~30g, 내용물이 50g 정도이다. 내용물 중에는 노른자가 15g, 흰자가 30g이 조금 넘는다.
레시피에 달걀 ½개라고 되어 있다면, 달걀 1개를 볼에 넣고 휘저어서 반만 사용하면 된다.

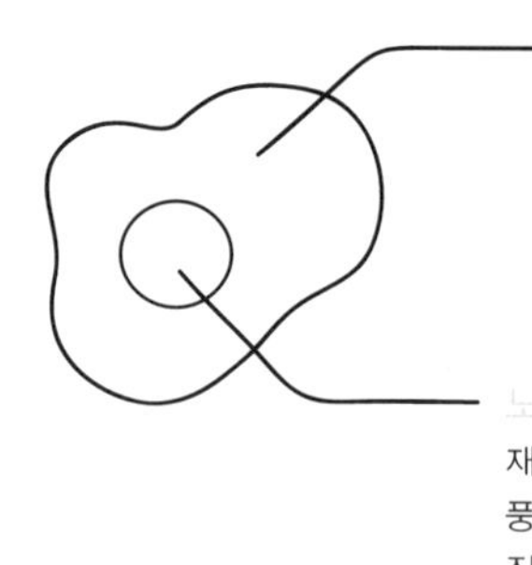

설탕과 감미료

도우에 들어가는 다른 재료들과 마찬가지로 설탕과 감미료도 팔방미인이라 할 수 있다. 각각의 감미료가 다른 효과를 내므로, 설탕을 같은 양의 꿀이나 옥수수 시럽으로 대체하기는 어렵다. 이미 눈치 챘겠지만, 이 책은 건강한 식생활을 위한 것이 아니다. 베이킹에 인공 감미료를 넣으면서 설탕과 동일한 결과를 바랄 수는 없다.

설탕

원당, 갈색설탕(brown sugar), 그래뉴당(granulated sugar), 파우더 슈거 등에 열을 가하면 모두 캐러멜화 되면서 베이크드 굿의 색감과 풍미에 영향을 미친다. 버터, 달걀에 설탕을 더해 크림 상태로 만들 때, 설탕은 발효와 공기를 불어넣는 역할을 한다. 도우를 효모로 부풀릴 때에는 설탕이 효모의 먹이가 되어 기포를 생성하고 가벼운 식감을 만든다. 머랭에 넣으면 구조를 받쳐주어 빨리 주저앉지 않도록 한다.

마지막으로 설탕은 흡습성, 즉 수분을 흡착하고 유지하는 성질을 갖고 있다. 이런 특성이 베이크드 굿의 저장성을 좋게 하고 잼이나 젤리 같은 저장식품의 보존성을 높인다. 반면 습기를 흡수해 곰팡이가 번식할 수도 있으므로 밀폐용기에 보관해야 한다. 그러면 유통기한이 무한대가 될 수 있지만, 가능하면 1년 이내에 쓰도록 한다.

베이킹에서 가장 흔히 쓰이는 설탕은 그래뉴당이다. 사탕수수나 사탕무를 고도로 정제하여 만든다(나는 사탕수수를 정제한 것을 선호한다). 정제된 가공식품을 가능한 한 피하고 싶다면, 백설탕을 같은 양의 원당으로 대체하면 된다.

갈색설탕은 진한 색과 연한 색 2가지가 시판된다. 대부분의 갈색설탕은 정제된 백설탕에 당밀을 첨가한 것이다. 당밀을 많이 섞으면 진한 색을 띠고, 조금 섞으면 연한 색이 된다. 당밀은 설탕을 산성화시키므로, 그래뉴당과는 달리 베이킹소다를 활성화 한다. 또한 당밀의 영향으로 식감이 부드럽고 색이 진해진다. 레시피에서 백설탕 양의 50%까지는 갈색설탕으로 대체해도 된다. 단, 풍미는 달라질 수 있다.

정제된 그래뉴당을 미세한 분말로 만든 것이 파우더 슈거이다. 분말이 뭉치지 않도록 옥수수 전분을 첨가하기도 한다. 갈색설탕이나 그래뉴당 대신 파우더 슈거를 쓰는 것은 좋지 않다. 일반 설탕의 깔깔한 식감이 어울리지 않는 프로스팅(frosting)이나 글레이즈(glaze)에 사용하자.

꿀

꿀은 정제된 설탕에 비해 뛰어난 풍미를 자랑하는데, 어떤 꽃에서 수확했느냐에 따라 향이 달라진다. 액상 감미료란 특성상 설탕을 썼을 때보다 베이크드 굿이 훨씬 촉촉하다. 특유의 흡습성 때문에 꿀 또한 베이크드 굿의 저장성을 좋게 한다.

다른 액상 감미료와 마찬가지로, 꿀은 시럽과 캐러멜을 만들 때 설탕의 결정화를 지연시키고 막아준다. 설탕에 비해 캐러멜 반응(caramelization) 온도가 낮아서 타기 쉽지만, 베이크드 굿의 표면에 윤기를 더한다. 꿀은 배터(묽은 반죽) 레시피에서 설탕 대신 사용하는 것이 가장 좋지만, 대부분의 도우에서 설탕 분량의 10%까지 대체할 수 있다. 경우에 따라서는 꿀에 함유된 수분 때문에 밀가루를 더 넣어야 한다.

옥수수 시럽

요즘엔 일반 가정에서 옥수수 시럽을 찾기가 어렵다. 옥수수 시럽은 캐러멜, 다양한 소스, 시럽 등에서 안정제(stabilizing agent)로 쓰일 수 있다. 나는 이것이 꼭 필요한 레시피에만 최소한으로 쓰고 있다.

당밀

당밀은 갈색설탕에 첨가되는 재료이기도 하지만, 진저브레드 쿠키나 케이크에 풍미를 더하는 데도 쓰인다. 향이 매우 강하므로 소량만 사용하자.

메이플 시럽

독특한 풍미를 지닌 메이플 시럽은 케이크, 쿠키, 필링, 소스 등에 두루 쓰인다. 도우를 만들 때 설탕과 1:1로 대체할 수 없다(또한 꿀보다 묽어서 꿀을 대체할 수도 없다).

소금

소금은 모든 풍미를 좋게 한다. 특히 단맛을 향상시키고 베이크드 굿의 식감과 색감에 영향을 미친다. 효모로 발효한 도우에서는 소금이 발효 속도를 늦춘다. 또한 소금은 단백질을 더욱 강화시켜 식빵을 포함한 베이크드 굿에서 글루텐이 구조를 지탱할 수 있도록 돕는다. 휘핑된 달걀흰자의 형태도 오래 유지시킨다. 여러 종류의 소금이 시판되지만, 이 책에서는 입자가 다소 굵고 첨가물이 함유되지 않은 코셔 소금(kosher salt)을 추천한다.

맛내기 재료(flavoring)

베이크드 굿에서 오로지 풍미를 더하는 역할만 하는 재료를 말한다. 바닐라(추출물, 빈, 페이스트), 리큐어, 초콜릿, 견과류, 너트버터, 향신료, 허브, 그리고 과일과 야채가 여기 포함된다.

바닐라

나는 필링과 소스에 풍미를 더하기 위해 바닐라를 애용한다. 난초과의 바닐라 열매에서 바닐라 빈, 페이스트, 추출물의 3가지 형태가 나온다. 양질의 추출물은 가격이 비싼 편이지만, 소량만 사용하니까 한 병으로도 오래 쓸 수 있다. 나는 버번 바닐라와 멕시칸 바닐라(둘 다 동일한 품종에서 나온다)를 좋아한다. 인공 바닐라 향은 절대 쓰지 말자.

바닐라 빈(꼬투리)은 바닐라 열매를 건조한 것으로 향이 매우 강하다. 나는 바닐라 커스터드나 아이스크림을 만들 때 바닐라 빈을 통째로(씨앗이 드러나도록 꼬투리를 세로로 갈라서) 사용한다. 바닐라 빈을 넣으면 작고 독특한 검은 씨앗뿐만 아니라 멋진 풍미까지 더할 수 있다. 바닐라 빈을 씻어서 말린 다음 설탕을 첨가하면 바닐라 설탕이 만들어진다.

바닐라 빈 페이스트는 바닐라 추출물에 씨앗을 섞은 것으로, 특유의 작고 까만 씨앗 조각이 특징이다. 바닐라 추출물을 1:1로 대체해서 사용할 수 있다. 바닐라 빈이 통째 들어가는 레시피라면 바닐라 페이스트 혹은 바닐라 추출물 1티스푼으로 대체해도 된다.

리큐어(Liquor) & 추출물(extract)

럼이나 위스키 같은 알코올이 함유된 리큐어, 각종 과일향 또는 견과류 향이 나는 추출물로도 풍미를 더할 수 있다. 하지만 레시피에 들어간 다른 리퀴드 대신 사용해서는 안 된다. 소스나 필링에만 사용하자(바닐라 추출물 대신엔 사용할 수 있다).

초콜릿

바닐라와 마찬가지로 좋은 초콜릿은 값이 비싸다. 가능하면 첨가물이 들어가지 않은 초콜릿 바를 선택하자. 모양을 잡기 위해 유연제를 넣은 초콜릿 칩은 베이킹에 적합하지 않다.

견과류와 너트 버터

도우 레시피에 제시된 플라워의 20%까지는 땅콩이나 견과류 가루로 대체할 수 있다. 그러나 너트 버터(아몬드 버터, 캐슈 버터)는 버터 대신 사용할 수 없다. 필링이나 소스를 만들 때 땅콩버터 대신 사용할 수는 있다.

향신료(spicy)

효모로 발효하는 몇몇 도우를 제외하고, 도우에는 향신료를 사용하지 않는다. 주로 필링이나 소스에 들어간다. 향신료를 좋아하지 않는다면 레시피에서 간단히 생략해도 된다.

팽창제(leavening)

팽창제는 베이크드 굿에 기포를 형성한다. 불규칙적인 구멍이 숭숭 뚫린 프렌치 바게트처럼, 여러 베이크드 굿에 독특한 식감이나 크럼을 만들어낸다. 기계적 팽창, 화학적 팽창, 천연 팽창(발효)의 3가지 유형이 있다.

기계적 팽창

간단히 설명하자면, 레시피에 명시된 반죽법 자체가 기포를 만드는 작용을 하는 것이다. 비스킷, 퍼프 페이스트리, 크루아상, 데니시, 쇼트크러스트, 스위트크러스트 도우는 모두 기계적 방법으로 부풀린다(크루아상과 데니시 도우는 효모를 이용한 천연 발효를 병행하고, 비스킷은 화학적 팽창제를 하나 추가한다).

비스킷, 퍼프 페이스트리, 크루아상, 데시니 등을 기계적으로 팽창시킨다는 것은 지방 덩어리를 도우 전체에 고루 남겨 놓거나, 도우 사이사이에 지방을 겹겹이 접어 넣는 방법을 말한다. 굽는 동안 지방이 녹으면 기포가 남게 된다.

화학적 팽창

가장 대중적인 화학적 팽창제는 베이킹소다와 베이킹파우더다. 두 가지 모두 알칼리성 물질인 탄산수소나트륨을 함유하고 있는데, 산성 물질 및 리퀴드와 화학반응을 일으켜 이산화탄소를 생성한다. 이때 작은 기포가 만들어져 식감과 크럼의 질을 결정한다.

베이킹소다 VS. 베이킹파우더

어떤 차이가 있을까? 베이킹소다는 순수한 탄산수소나트륨으로, 산성 물질과 리퀴드를 만났을 때 발효 작용을 한다. 혼합되는 즉시 반응하기 시작하므로 베이킹소다를 사용할 때는 즉시 구워야 한다.

반면 베이킹파우더는 베이킹소다(탄산수소나트륨)에 두 가지 산성 분말(보통 인산이수소칼슘과 황산알루미늄나트륨)이 추가된 것이다. 그러므로 베이킹파우더를 사용할 때는 리퀴드만 넣으면 된다. 각 산성 분말은 리퀴드가 더해졌을 때와 열이 가해졌을 때, 이렇게 2번 효력을 발휘한다. 그래서 '이중반응 베이킹파우더'라고 부르기도 한다. 베이킹파우더를 사용할 때는 즉시 구울 필요가 없지만, 즉시 구웠을 때 가장 잘 부푼다.

천연 팽창(발효)

살아 있는 유기체, 즉 효모가 먹이를 섭취할 때 이산화탄소를 만들어내는 작용을 이용해 도우를 부풀리는 것이다. 기본적으로 효모는 베이킹파우더나 베이킹소다와 같은 역할을 하지만, 다루기가 훨씬 까다롭고 공부가 필요하다. 그러나 도우를 훨씬 잘 부풀리고 특유의 구수한 맛을 낸다. (화학적 팽창제들은 베이크드 굿에 달갑지 않은 풍미를 남길 수 있다.)

효모는 일정한 온도(4~60도)에서만 활동하는데, 특히 27~32도 사이에서 가장 활발하다. 60도 이상이면 효모가 죽고, 4도 이하면 휴면 상태가 된다. 당분(재료에 원래 함유된 것이든 첨가한 설탕이든)은 효모를 잘 자라게 하지만, 소금은 이산화탄소의 생성을 억제하고 직접 닿을 경우 효모를 죽일 수도 있다.

효모는 3가지 종류(신선한 상태, 인스턴트 상태, 활성화된 상태)가 시판된다. 신선한 효모는 매우 쉽게 상하기 때문에 홈 베이킹에는 적합하지 않다. 인스턴트 효모는 물에 녹이지 않고 바로 사용해도 된다. 하지만 이 책의 레시피에는 맞지 않을 것이다. 너무 빨리 활성화되기 때문에 적당히 부풀리거나 가공하기 어렵다. 활성화된 효모는 과립 형태로 작은 병이나 봉지에 담겨 시판된다. 사용하기 전에 리퀴드에 녹여야 한다. 앞으로 레시피에 등장하는 효모는 활성화된 효모다.

조리 기구

이 책의 레시피는 모두 도구 없이 손으로만 만들 수 있다. 물론 푸드 프로세서나 스탠드 믹서를 사용하면 좀 더 편리한 레시피도 있다. 이 책에서는 2가지 방법을 모두 설명할 것이다. 그러나 도우의 느낌을 알려면, 한 번은 모든 레시피를 손으로 만들어보기를 권한다. 느낌을 알아야 도우의 성질을 이해하게 된다. 베이킹 팬과 같이 필수로 갖춰야 할 도구도 있고, 있으면 베이킹이 좀 더 쉬워지는 도구들도 있다.

대리석 슬랩(slab)

대리석 슬랩은 차가움을 오래 유지한다. 냉동실에 20분간 넣었다가 꺼내면, 약 1시간 동안 만졌을 때 차가운 느낌이 남아 있다. 특정한 도우는 차가운 조리대에서 다뤄야 하므로 매우 요긴하게 쓰인다.

대리석은 표면이 매끈하고 재료가 잘 달라붙지 않아 다른 소재로 만든 조리대보다 덧가루를 적게 사용해도 도우를 다루기가 쉽다. 냄새나 풍미를 흡수하지도 않는다. 사용 후에는 스크레이퍼(scraper)로 남은 반죽을 떼어내기 쉽고, 스펀지에 주방용 세제를 묻혀 닦으면 된다.

유산지(parchment paper)

유산지는 매우 유용하다. 베이킹 시트 위에 깔면 반죽이 달라붙지 않아 설거지하기 쉽다. 도우를 싸서 보관할 수도 있고, 조리대 위에 깔고 도우를 밀거나 치대기에도 좋다.

꼭 필요한 것들

다음의 조리 기구들은 다양하게 사용되고 쉽게 구할 수 있는데, 당신의 주방에 이미 갖고 있는 것들이 많을 것이다.

있으면 좋은 것들

꼭 필요한 것은 아니지만, 이런 도구들은 베이킹을 훨씬 편리하게 만들어준다.

조리대

도우에 있어 좋은 조리대는 매우 중요한데, 최소 60×45㎝ 크기여야 한다. 플라스틱이나 나무 도마, 또는 대리석 슬랩을 사용하면 된다.

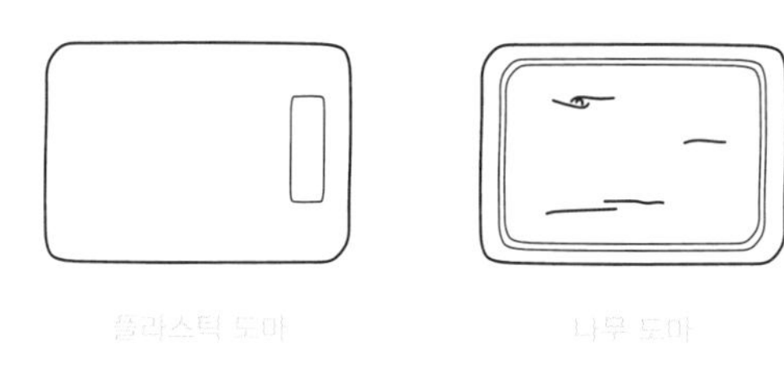

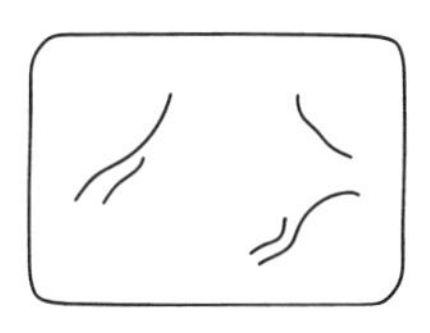

대리석 슬랩

베이킹 팬

이 책에 나온 레시피를 모두 만들어보려면, 다음의 베이킹 팬이 적어도 하나씩은 필요하다.

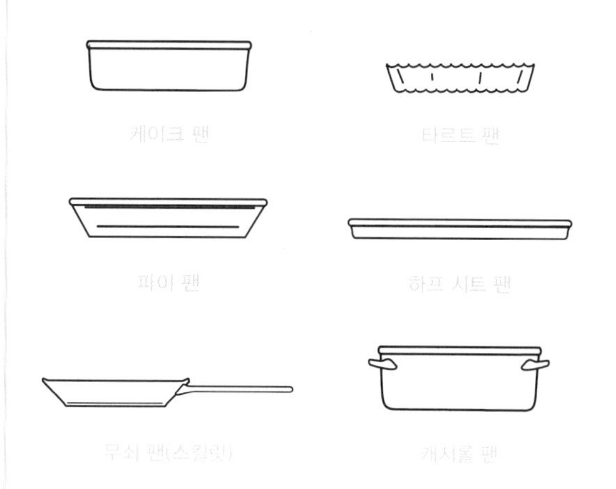

일손을 덜어주는 기계들

도우를 손으로 반죽하기를 권하지만, 스탠드 믹서나 푸드 프로세서를 사용하면 보다 쉽게 만들 수 있다. 아이스크림 메이커는 이 책에서 딱 한 번 사용되지만, 홈메이드 아이스크림을 만들 때 꼭 필요한 아이템이다.

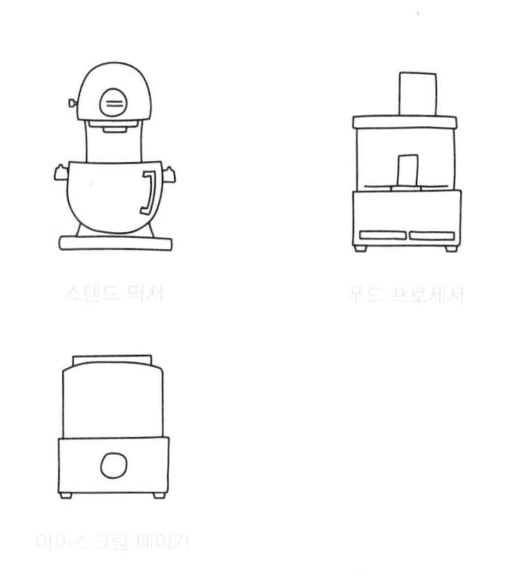

반죽하는 법

도우를 만들기 위해 여러 가지 재료를 혼합하는 방법이다. 약 10가지 방법이 있지만 이 책에서는 5가지만 다루기로 한다.

원스테이지 반죽법(one-stage method)

가장 간단한 방법이다. 모든 재료를 한꺼번에 넣고 골고루 섞일 때까지 혼합하는 것이다. 평평한 표면에서 손으로 섞거나, 볼에 재료를 넣고 스푼이나 손으로 섞거나, 혼합기 후크가 장착된 믹서의 볼에 재료를 넣고 중저속(medium-low)으로 섞으면 된다.

용도: 퍼프 페이스트리 도우, 퍼프 페이스트리 버터 블록, 크루아상 버터 블록, 데니시 버터 블록, 필로 도우

원스테이지 평면 반죽법

1

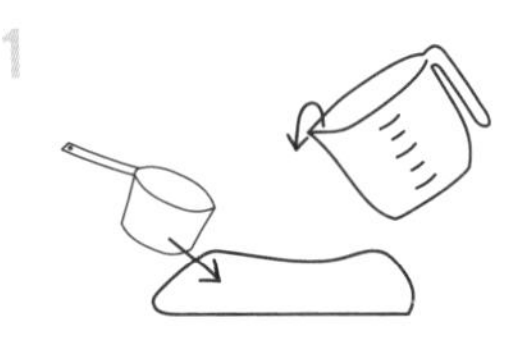

2

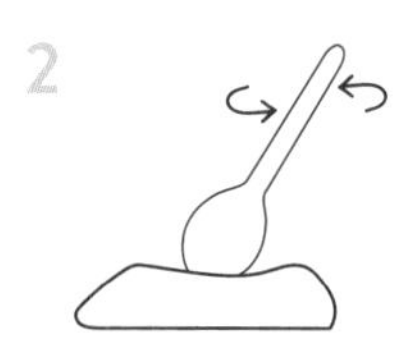

원스테이지 볼 반죽법

1

2

원스테이지 믹서 반죽법

1

2

비스킷 반죽법(biscuit method)

이 방법은 지방 덩어리를 마른 재료와 완전히 섞지 않고, 덩어리가 부서질 때까지 밀가루 안에서 자르거나 다지거나 손으로 으깨는 방법이다. 손가락이나 도우 커터, 스크레이퍼, 푸드 프로세서, 혼합기 후크를 끼운 스탠드 믹서를 사용한다.

버터의 질감으로 말하자면 파이 도우의 경우는 완두콩 크기, 비스킷은 굵은 옥수수 가루, 쇼트크러스트는 고운 모래알 같은 느낌이어야 한다. 리퀴드를 첨가한 뒤에는 지방이 완전히 섞이지 않도록 조심하면서 도우가 살짝 모양이 잡힐 때까지만 섞는다.

지방의 온도는 각각 다르다. 비스킷, 스콘, 파이 도우는 차가운 버터를 사용하고, 쇼트크러스트 도우는 실온에 두었던 부드러운 버터를 사용한다. 레시피에서 차가운 버터를 쓰라고 할 경우, 맨손으로 도우를 다루면 체온 때문에 버터가 밀가루에 녹아들 수 있으므로 주의하자.

용도: 비스킷 도우, 스콘 도우, 파이 도우, 쇼트크러스트 도우, 러프 퍼프 페이스트리 도우

비스킷 평면 반죽법

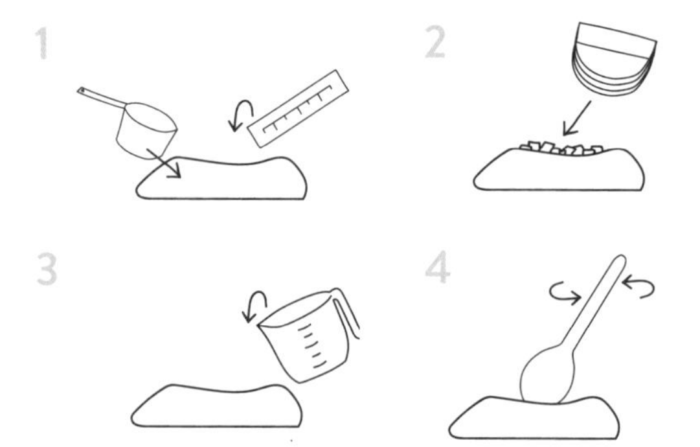

비스킷 볼 반죽법

비스킷 푸드 프로세서 반죽법

비스킷 믹서 반죽법

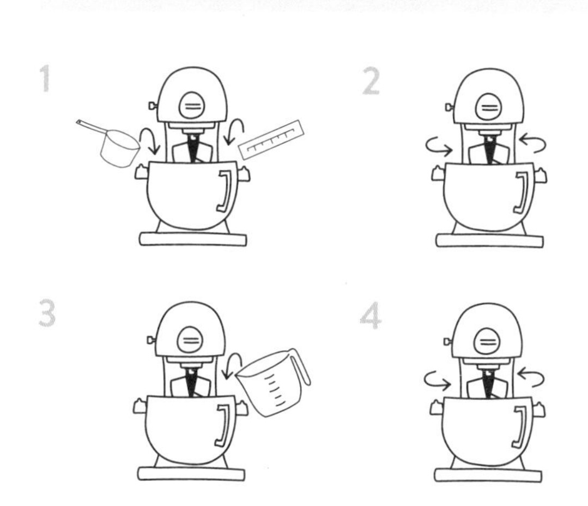

파트 아 슈 반죽법(pâte à choux method)

파트 아 슈는 여러 과정을 혼합한 반죽법이다. 먼저 냄비에 물과 버터를 넣고 끓인다. 중약불(medium-low)로 줄인 다음 밀가루를 넣고 잘 섞는다. 도우의 모양이 잡히면 불을 끄고 냄비에 달걀을 한 번에 한 개씩 모두 넣고 완전히 섞는다. 도우에 탄력이 생기고 윤기가 돌 때까지 계속한다.

물과 버터에 밀가루를 섞을 때는 반드시 불 위에서 해야 하지만, 달걀을 섞을 때는 손으로 하거나 혼합기 후크를 끼운 믹서에서 중저속으로 섞어도 된다.

파트 아 슈 손 반죽법

파트 아 슈 믹서 반죽법

스트레이트 도우 반죽법(straight dough method)

스트레이트 반죽법은 효모로 부풀리는 도우에만 사용되는데 원스테이지 반죽법과 비슷하다. 먼저 40~43도로 따뜻하게 덥힌 리퀴드에 효모를 녹인다. 그다음 나머지 재료를 모두 볼에 넣는다. 반죽기 후크를 끼운 스탠드 믹서(반죽 속도와 시간은 도우에 따라 다르다)에서 치댄 뒤, 도우에 따라 부풀거나 휴지하도록 둔다.

용도: 브리오슈 도우, 크루아상 도우, 데니시 도우

스트레이트 도우 손 반죽법

스트레이트 도우 믹서 반죽법

풀리쉬 도우 반죽법(poolish dough method)

스트레이트 도우 반죽법에 발효 단계를 한 번 더 추가해 도우에 풍미를 더하는 방법이다. 재료의 일부, 즉 리퀴드와 효모, 플라워를 함께 섞은 뒤 도우가 부풀고 풍미가 살아나도록 한쪽에 둔다(2시간에서 24시간). 그 후에 다른 재료를 넣고 치대서 도우를 반죽한다(데니시와 크루아상은 조금 짧게, 브리오슈는 조금 길게). 마지막으로 도우가 다시 부풀도록 한쪽에 두거나(브리오슈), 반죽을 접기 전까지 휴지한다(데니시나 크루아상).

용도: 브리오슈 도우, 크루아상 도우, 데니시 도우

풀리쉬 도우 손 반죽법

풀리쉬 도우 믹서 반죽법

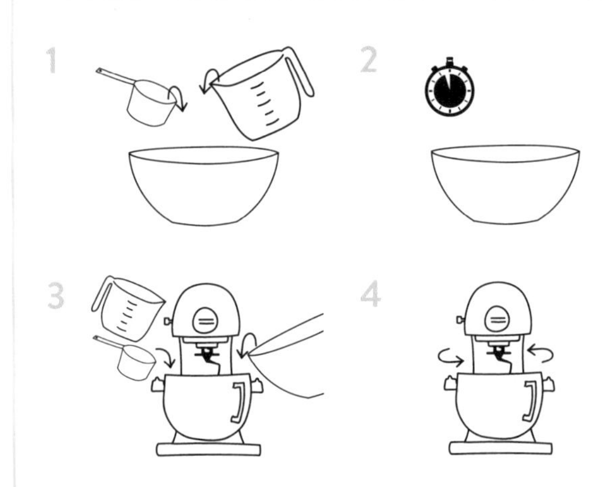

도우 반죽을 위한 팁

도우를 만드는 기술적 단계들, 즉 믹싱(mixing), 치대기(kneading), 밀기(rolling), 성형(shaping)이 벅차게 느껴질 수도 있다. 여기에 도우 반죽이 쉬워지는 몇 가지 요령과 기술이 있다.

준비

도우를 만들기 전, 일단 레시피를 처음부터 끝까지 읽는 것이 좋다. 그래야 무엇을 할지, 어떤 조리 기구가 필요한지 숙지할 수 있다. 또한 시작하기 전에 필요한 재료를 미리 계량해놓기를 권한다. 도우를 쉽고 빠르게 만드는 지름길이다.

믹싱(mixing)

재료를 혼합한다는 의미로 젓기, 섞기, 치기, 휘젓기, 휘핑하기 등의 용어를 사용한다. 각 용어는 약간씩 다른 의미로 쓰인다. 젓기(stir)는 스푼으로 원을 그리듯 살살 혼합하는 동작을 말한다. 섞기(mix)는 스푼으로 좀 더 세게 젓는 동작이다. 치기(beat)는 가장 강하게 젓는 방법으로 설탕이나 버터를 다른 재료와 어우러지게 할 때 사용한다. '치기'를 할 때는 혼합기 후크를 끼운 믹서를 이용하는 것이 편하지만 스푼을 사용해 수동으로 할 수도 있다. 휘젓기(whisk)는 거품기를 사용해 천천히 젓는 것을 말한다. 휘핑하기(whip)는 재료에 기포가 생기도록 빠르고 강하게 혼합하는 것을 말한다. 역시 거품기 후크를 끼운 믹서를 이용하는 것이 가장 쉽지만, 거품기를 사용해 손으로 할 수도 있다.

치대기(kneading)

치대기도 재료를 혼합하는 방법 중 하나라고 할 수 있다. 도우 안에 글루텐이 형성되게 하고 재료가 고루 섞이도록 돕는다. 도우를 단단하게 만드는 방법이기도 하다.

1

도우를 대충 공 모양으로 만든 다음, 밀가루를 아주 살짝 뿌린 조리대에 놓는다.

2

손바닥 아래의 볼록한 부분으로 도우의 중심에서 몸과 먼 쪽을 향해 눌러 민다.

3

눌러서 늘어난 쪽을 도우 위로 접는다.

4

도우를 약 90도 돌린다. 다시 손바닥의 볼록한 부분으로 도우의 중심에서 몸과 먼 쪽을 향해 눌러 민다. 눌러서 늘어난 쪽을 도우의 위로 접는다. 이 과정을 반복한다.

밀기(rolling)

밀대 중에서는 프렌치 롤링핀(끝 쪽으로 갈수록 가늘어지고 핸들이 없는 타입)이 비교적 다루기가 쉽다. 피로감을 줄이려면 손가락을 벌린 채로 밀대의 양쪽 가장자리에 손을 얹는다. 손가락 끝에서 시작해서 손바닥의 볼록한 부분까지 밀대를 굴린다. 손바닥을 지나 손목까지 굴리지 않도록 한다.

원형으로 밀기

처음에는 도우를 동그랗게 미는 것이 까다로울 수 있지만 연습하면 곧 쉬워진다. 일정한 압력으로 도우를 계속 돌리며 미는 것이 성공의 비결이다.

1

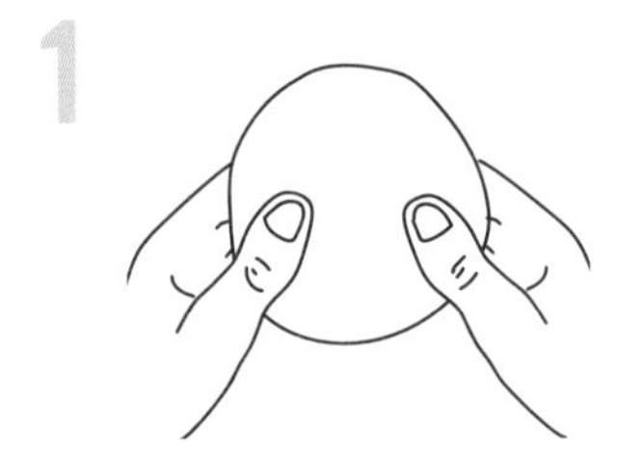

도우 모양을 대충 둥글게 잡은 다음, 밀가루를 살짝 뿌린 조리대에 놓는다. 도우 위에도 밀가루를 솔솔 뿌리고 밀대에도 밀가루를 발라준다.

2

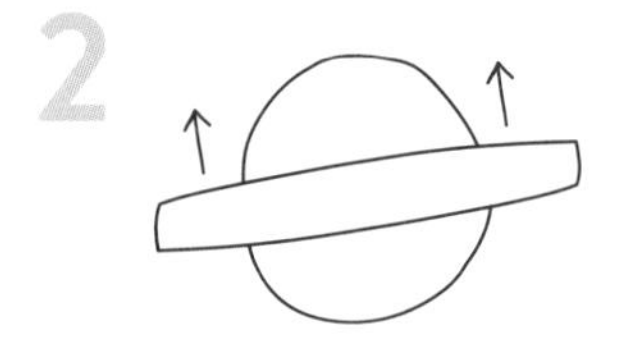

밀대를 이용해 도우의 중심에서 몸에서 먼 쪽을 향해 민다.

3

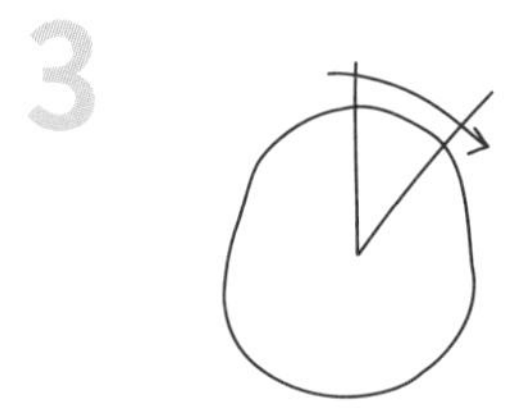

도우를 약 45도 돌린다. 다시 밀대로 도우의 중심에서 몸에서 먼 쪽을 향해 민다. 원하는 두께와 크기가 될 때까지 이 과정을 반복한다.

TIP 도우의 가장자리가 갈라지기 시작하면, 갈라진 곳을 겹쳐준 다음에 밀대의 가느다란 쪽으로 밀어서 이어 붙인다.

사각형으로 밀기

사각형으로 미는 것이 동그랗게 미는 것보다 상대적으로 쉽지만, 모서리를 밀 때마다 주의를 기울여야 모양이 유지된다.

1

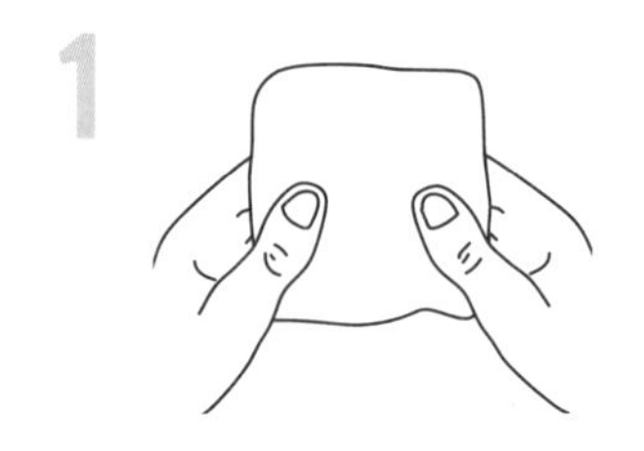

도우의 모양을 대충 사각형으로 잡은 다음, 밀가루를 살짝 뿌린 조리대에 놓는다. 도우 위에도 밀가루를 솔솔 뿌리고 밀대에도 발라준다.

2

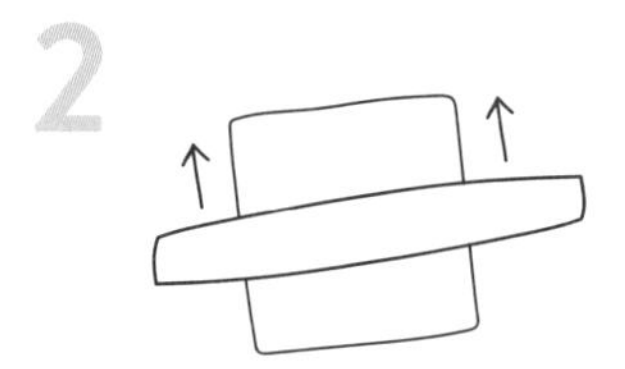

밀대로 도우의 중심에서 몸과 먼 쪽을 향해 민다.

3

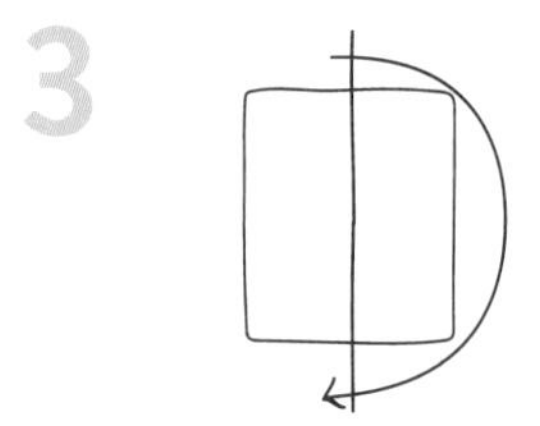

도우를 180도 돌린다. 다시 밀대로 도우의 중심에서 몸과 먼 쪽을 향해 민다.

4

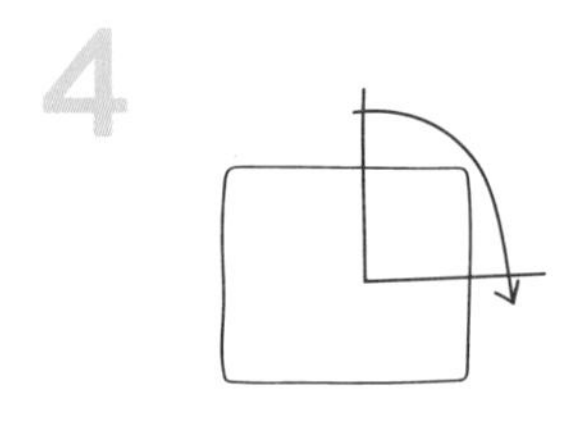

도우를 90도 돌린 뒤, 다시 밀대로 도우의 중심에서 몸과 먼 쪽을 향해 민다. 원하는 두께와 크기가 될 때까지 이 과정을 2~4회 반복한다.

TIP 모서리가 말리거나 사각형 형태가 어그러진다면, 도우의 중심에서 모서리까지 45도 각도로 밀어준다.

나만의 도우 만들기

여기서부터 베이킹이 흥미진진해진다. 베이킹의 마법과 비밀은, 당신이 필요한 것이 12가지의 비율, 약간의 밀가루, 버터, 물이 전부(때로는 약간의 달걀, 설탕, 효모)라는 사실을 깨닫는 것이다. 다음은 보다 창의적인 베이킹을 위한 몇 가지 방법이다.

양 조절하기

레시피에 들어가는 재료들을 2배 분량으로 늘리는 것은 아주 쉽다. 또한 재료들을 절반 분량으로 나누는 것도 아무런 문제가 없다. 다만 퍼프 페이스트리, 크루아상, 데니시 도우의 경우에는 적은 양으로는 도우를 다루기 어렵다. 분량을 늘려놓은 레시피가 비율을 나눌 때도 훨씬 다루기 쉽다.

재료 대체하기

도우에 쓰이는 플라워와 지방에 변화를 주어 도우를 변형시킬 수 있다. 베이컨이나 오리의 기름으로 비스킷을 만들거나, 흰 밀가루에 통밀과 귀리를 섞어 파이 도우를 만들어보자. 쇼트크러스트 도우에 들어가는 밀가루의 일부를 코코아 파우더로 대체하거나 크루아상 도우에 레몬 제스트를 섞을 수도 있다.

플라워의 종류를 바꿀 때는 단백질 함량을 고려해야 한다. 흰 밀가루를 통째로 통밀가루로 대체할 경우, 빵이 단단하고 맛없을 것이다. 레시피에 명시된 플라워의 약 20%까지만 다른 플라워로 대체하자. 이 규칙은 홀그레인, 견과류, 단백질 함량이 높은 플라워, 질감이 거친 플라워, 또한 옥수수 전분처럼 단백질이 거의 없는 플라워에도 적용된다.

설탕이나 감미료를 대체하는 일도 까다롭다. 설탕은 가장 구하기 쉬운 고형 감미료이므로, 레시피에 설탕이라고 명시되어 있다면 그냥 설탕을 쓰자. 설탕의 역할을 하지 못하는 슈가프리 인공 감미료는 절대 사용해선 안 된다. 쇼트크러스트 도우의 경우 20%까지는 갈색설탕, 꿀 또는 시럽으로 대체해도 된다. 이 경우 색이 더 진하고 향이 풍부한 크러스트가 된다.

지방을 대체할 때는 선택지가 좀 많다(식감과 풍미, 둘 다 버터에 의존하는 퍼프 페이스트리, 크루아상, 데니시는 예외). 굳으면 단단해지는 지방이 레시피에 명시되어 있다면 꼭 고형 지방을 사용하자. 효모 발효 도우의 경우에만 고형 지방을 액체 상태의 지방으로 대체할 수 있다. 라드, 베이컨 기름, 오리 기름으로 파이 크러스트, 비스킷, 스콘을 만들어보자.

믹스 앤 매치

책 속에 등장하는 여러 가지 도우와 다채로운 필링, 소스, 토핑을 재조합해서 무한한 페이스트리의 세계를 즐겨보자.

BISCUIT DOUGH

비스킷 도우는 화학적 팽창제를 사용해 비스킷 반죽법으로 만드는 도우이다. 플라워나 지방에 비해 리퀴드의 비율이 상대적으로 높다. 수분 함량이 높으면 케이크 같은 식감을 가진 부드럽고 바삭한 페이스트리가 만들어진다. 파이 도우와 반죽법은 같지만 비율이 달라서, 상대적으로 파이 도우의 속보다 덜 조밀하다. 비스킷 도우의 비율은 8플라워 : 3지방 : 5리퀴드 이다.

6 박력분

2 강력분

3 버터

5 우유

이 도우로 만들 수 있는 것들:

비스킷
쇼트케이크
코블러
그런트
비스킷 앤 그레이비

* 일러두기
이 책에서 비율은 온스를 기준으로 했습니다. 국내 독자들의 편의를 위해 미터법으로 환산하면서 작은 오차가 발생할 수 있음을 알려 둡니다.

비스킷 도우

산출량: 450g	준비 시간: 20분	굽는 시간: 12분

⑥ 박력분 170g

② 강력분 55g

소금 1티스푼

베이킹파우더 4티스푼

③ 차가운 무염버터 85g

⑤ 우유 150ml

도우 반죽하기

비스킷 도우의 반죽은 손으로 해도 되고 푸드 프로세서를 사용해도 된다.

손으로 반죽할 때

1. 큰 볼에 밀가루, 소금, 베이킹 파우더를 넣고 섞는다.

2. 버터를 가로세로 1.3㎝ 크기로 깍둑썰어 밀가루 혼합물에 더한다.

3. 손이나 페이스트리 커터를 이용해, 밀가루 혼합물에 버터를 자르거나 으깨서 굵은 옥수수 가루 크기가 되도록 부순다. 손으로 할 경우 버터가 녹지 않도록 재빨리 끝낸다.

4. 우유를 넣은 다음 도우가 겨우 뭉쳐질 때까지 나무 스푼으로 10~20회 저어준다.

5. 밀가루를 살짝 뿌린 조리대에 도우를 올린다. 모양이 잡히도록 4~5번 도우를 치댄다. 너무 여러 번 치대거나 덧가루를 과하게 뿌리면 도우가 딱딱해지므로 주의한다.

푸드 프로세서로 반죽할 때

1. 밀가루, 소금, 베이킹 파우더를 푸드 프로세스의 볼에 넣고 펄스(pulse) 모드로 섞는다.

2. 버터를 가로세로 1.3㎝ 크기로 깍둑썰어 밀가루 혼합물에 넣는다. 펄스 모드로 1~2초간 8~12회, 혹은 혼합물이 굵은 옥수수 가루 크기가 될 때까지 돌린다.

3. 우유를 넣은 다음 도우가 겨우 뭉쳐질 때까지 펄스 모드로 2~4회 돌린다. 큰 덩어리 몇 개와 작은 덩어리들이 만들어질 것이다.

4. 밀가루를 살짝 뿌린 조리대에 덩어리들을 옮긴다. 모양이 잡히도록 도우를 3~5번 치댄다. 너무 여러 번 치대거나 덧가루를 과하게 뿌리면 도우가 딱딱해지므로 주의한다.

보관하기

즉시 굽거나 밀폐용기에 담아 보관한다. 냉장보관은 2일, 냉동보관은 1개월.

비스킷 도우의 조건

- **도우:** 비스킷 도우는 건조한 느낌이어야 하지만 다루기도 쉬워야 한다. 도우 전체에 작은 버터 입자가 퍼져 있는 것이 보여야 한다.
- **페이스트리:** 베이킹이 끝난 비스킷은 부드러워야 한다. 크러스트(겉껍질)는 단단하고 잘 부서져야 하지만, 크럼(속 부분)은 말랑해야 한다.

클래식한 버터 비스킷 만들기

오븐 중간 칸에 랙을 넣고 220도로 예열한다. 밀가루를 살짝 뿌린 조리대에 준비된 비스킷 도우를 올리고, 밀대로 2㎝ 두께로 민다. 쿠키 커터나 비스킷 커터를 사용하여 지름 6㎝ 크기의 원반형(디스크 모양)으로 자른다. 보다 투박한 느낌을 원한다면 도우를 한 움큼씩 일정한 크기로 떼어내도 좋다. 커터로 잘라내고 남은 자투리 도우는 차곡차곡 포개서 밀대로 다시 민 뒤 다시 원반형으로 잘라낸다. 도우를 다 사용할 때까지 반복한다.
베이킹 시트에 유산지를 깔고, 도우를 2.5㎝ 간격으로 놓는다. 브러시로 녹인 버터를 비스킷 위에 바른다. 12분간 또는 비스킷의 윗면이 황금빛을 띨 때까지 굽는다. 1분간 팬 위에서 식도록 두었다가 식힘망으로 옮긴다. 따뜻할 때 낸다.

왜 박력분을 사용할까?

미국 남부지방은 비교적 식물의 생장기가 길고 혹독한 한파의 영향이 없기 때문에 이곳에서 수확되는 밀은 추위에 약하다. 따라서 이 지역에서 생산되는 밀가루는 단백질 함량이 낮아서 케이크 식감의 비스킷을 만들어낸다. 박력분 역시 이와 비슷한 정도로 단백질 함량이 낮아, 클래식한 소프트 비스킷을 균일하게 만들 수 있다.

자투리 도우 다루기

동그란 쿠키 커터나 비스킷 커터로 도우를 자르면 자투리가 생기기 마련이다. 자투리를 한데 뭉쳐 치대지 말고, 차곡차곡 쌓은 다음 밀도록 한다. 뭉치는 과정에서 도우가 딱딱해질 수 있기 때문이다. 자투리를 쌓아서 미는 편이 조금이라도 덜 굳게 할 수 있다.

추가 재료(mix-in) 활용하기

비스킷 도우는 허브나 향신료, 레몬 제스트, 치즈 한 줌 또는 몇 조각의 베이컨 같은 추가 재료를 더하는 것이 아주 쉽다. 정말 다루기 쉬운 도우이다. 재료가 마른 상태라면 도우 비율에 영향을 미치지도 않는다.

드롭(drop) 비스킷

1

도우를 6등분해 6개의 덩어리가 되게 떼어낸다.

쿠키-커터 비스킷

1

도우를 2㎝ 두께의 직사각형으로 민다.

2

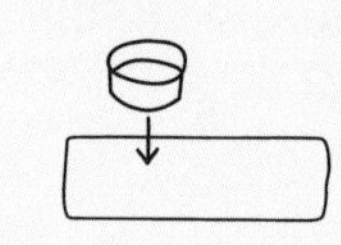

지름 6㎝ 쿠키 커터를 이용해 원반형을 찍어낸다.

레이어드 쿠키-커터 비스킷

1

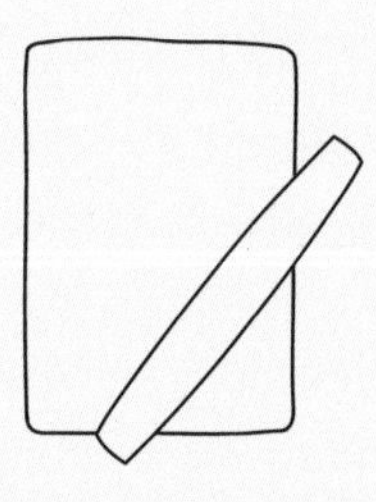

도우를 25×30㎝ 직사각형으로 민다.

2

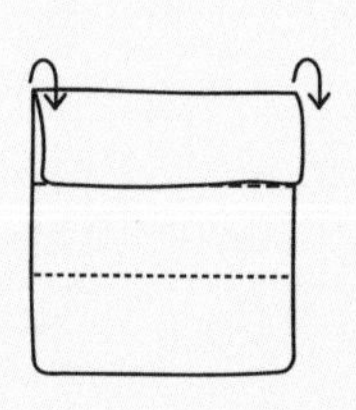

도우를 4등분해서 위와 아래를 접은 후, 다시 한 번 접는다.

3

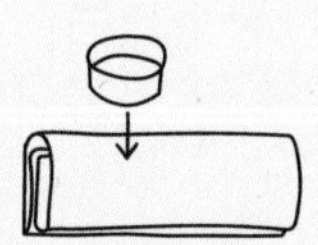

지름 6㎝ 쿠키 커터를 이용해 원반형을 찍어낸다.

BISCUIT DOUGH RECIPES

비스킷 도우 레시피

메이플 시럽을 글레이즈한 체다 베이컨 비스킷

THE RECIPE 베이컨 체다 비스킷은 언제나 옳다! 이 레시피는 한 친구에게 영감을 받아 즉석에서 생각해낸 것이지만, 내가 맛본 비스킷 중 거의 최고다. 비스킷은 풍미가 좋고 감칠맛이 있으며, 소스는 매우 진하고 구수하며 달콤하다. 이 조합은 페이스트리 도우를 럭셔리 버전으로 즐기는 완벽한 예이다.

THE RATIO 이 레시피에서 도우와 추가 재료(mix-in), 소스의 비율은 2:1:1이다.

산출량: 비스킷 6개

준비 시간: 45분

굽는 시간: 12분

- 비스킷 도우 450g [왼쪽과 같이 준비된 도우, 28페이지 참조]
- 베이컨 170g
- 메이플 시럽 1컵
- 버번 3테이블스푼
- 신선한 타임 줄기 30개
- 강판에 간 엑스트라 샤프 화이트 체다 치즈 55g

1. 오븐을 220도로 예열한다. 그릴팬(혹은 그리들)을 190도로 가열하거나 무쇠팬을 중불 이상으로 달군다. 베이컨이 바삭해질 때까지 5분에 한 번씩 집게로 뒤집으면서 25~30분간 바삭하게 굽는다. 접시에 키친타올을 깔고 베이컨을 올려놓은 후, 충분히 식으면 다진다.

2. 베이컨이 조리되는 동안 메이플 시럽, 버번, 타임을 작은 냄비에 넣고 가열한다. 끓으면 불을 줄여 10~15분간, 또는 액체가 ⅓ 분량으로 줄어들 때까지 자작하게 끓인다. 불을 끄고 한쪽에 둔다.

3. 28페이지 레시피에 따라 비스킷 도우를 준비하되, 도우 만드는 1단계에서 마른 재료들에 잘게 썬 베이컨과 강판에 간 체다 치즈를 추가한다. 도우를 여섯 덩어리로 나눈 뒤, 유산지를 깐 베이킹 시트 위에 가지런히 놓는다.

4. 12분간 또는 황금빛을 띨 때까지 오븐에 굽는다. 2단계의 졸인 시럽에서 타임을 꺼내서 버린다. 비스킷이 따뜻할 때 브러시로 시럽을 발라서 낸다.

응용 레시피

디너 비스킷: 더 간단하고 풍부한 맛의 비스킷을 원한다면, 시럽을 글레이즈하지 않는다. 대신에 굽기 전에 비스킷 위에 브러시로 녹인 버터를 바르고 치즈를 살짝 올린다.

블랙베리 민트 쇼트케이크

1:1

THE RECIPE 블랙베리와 민트는 썩 어울리는 조합이 아닌 것처럼 보이지만, 크림을 약간 가미하면 두 재료의 강한 풍미가 누그러지면서 환상적인 조합으로 다시 태어난다. 이 레시피는 기본 비스킷 위에 베리와 쇼트케이크라는 영감을 얻은 것이다. 민트가 들어간 휘핑크림만으로도 만들어볼 가치가 충분하다.

THE RATIO 이 레시피에서는 도우와 토핑의 비율이 1:1이다.

산출량: 쇼트케이크 6개

준비 시간: 1시간

굽는 시간: 12분

- 비스킷 도우 450g [28페이지 참조]
- 헤비 크림_1컵
- 민트 줄기 5개
- 그래뉴당 110g [나눠서 사용]
- 블랙베리 퓌레 340g
- 신선한 블랙베리 340g
- 다진 민트 잎 1테이블스푼
- 레몬즙 ½티스푼
- 바닐라 추출물 ½티스푼

1. 오븐을 220도로 예열한다. 28페이지의 설명대로 비스킷을 잘라서 12분간, 또는 살짝 황금빛이 돌 때까지 오븐에 구워서 한쪽에 둔다.

2. 작은 냄비에 헤비 크림(유지방 36% 이상의 휘핑크림–옮긴이)과 민트 줄기를 넣고, 손을 넣으면 데일 정도까지(클립 달린 온도계로 쟀을 때 82도) 중강불(medium-high)로 가열한다. 김이 나고 살짝 거품이 생기면 냉장고에 넣고 1시간 동안, 또는 차가워질 때까지 둔다.

3. 비스킷을 오븐에 굽는 동안 블랙베리 소스를 만든다. 중간 냄비에 블랙베리 퓌레와 설탕 55g, 다진 민트 잎, 레몬즙, 바닐라를 넣고 가열한다. 소스가 끓기 시작하면 불을 약간 줄이고 걸쭉해질 때까지 3~5분간 뭉근히 더 끓인다. 촘촘한 체에 내려 블랙베리 씨를 걸러서 버리고, 한쪽에 두어 식힌다.

4. 2의 민트 줄기를 우린 크림을 촘촘한 체에 내려 큰 믹서 볼에 담고 민트 줄기는 버린다. 크림을 넣고 나머지 설탕을 조금씩 넣으면서 스탠드 믹서로 끝이 뾰족해질 때까지 고속으로 휘핑한다. 민트 잎에서 나오는 오일 때문에 약 10분 정도 걸릴 것이다. 완성되면 냉장실에 보관한다.

5. 쇼트케이크 세팅하기: 비스킷을 반으로 잘라 2개의 원반 모양을 만든다. 원반 하나에 블랙베리를 얹고 블랙베리 소스를 끼얹는다. 그 위에 원반을 덮어 샌드위치를 만든다. 휘핑크림을 스푼으로 떠서 위에 올리고 블랙베리 소스를 끼얹어 흘러내리게 한 뒤에 낸다.

포트와인을 넣은 자두 코블러

1:3

THE RECIPE 코블러(cobbler), 크럼블(crumble), 크리습(crisp), 버클(buckle), 브라운 베티(brown betty), 그런트(grunt)는 과일을 듬뿍 넣은 디저트 종류다. 크럼블, 크리습은 쿠키와 비슷한 크럼블 토핑을 얹은 것이고, 버클은 슈트로이젤(streusel)(소보로와 비슷하다—옮긴이) 토핑을 얹은 것이다. 브라운 베티에는 층이 있다. 개인적으로 비스킷 도우에 코블러와 그런트 얹은 것을 좋아한다.

THE RATIO 이 레시피에서 도우와 필링의 비율은 1:3이다.

산출량: 코블러 1개 [15×25㎝]

준비 시간: 20분

굽는 시간: 40분

비스킷 도우 450g [28페이지 참조]

자두 1,350g [씨를 빼고 V자 모양으로 썰어서 준비]

포트와인 2테이블스푼

그래뉴당 55g

빻은 시나몬 2티스푼 [나눠서 사용]

옥수수 전분 30g

녹인 무염버터 30g

갈색설탕 30g

1. 오븐 중간 칸에 랙을 놓고, 오븐을 200도로 예열한다. 큰 볼에 자두, 포트와인, 설탕, 시나몬 1티스푼, 옥수수 전분을 넣고 섞어서 필링을 만든다. 이를 15×25㎝ 정도의 베이킹 팬에 담아 오븐에서 20분간 구워서 꺼내고, 오븐은 계속 켜 놓는다.

2. 비스킷 도우를 작은 덩어리(지름 5㎝ 정도)로 나눈다. 베이킹 팬의 필링 위에 도우 덩어리들을 서로 닿게 놓는다. 브러시로 녹인 버터를 각 덩어리 위에 바른다. 갈색설탕과 나머지 시나몬을 그 위에 솔솔 뿌린다.

3. 20분간 또는 비스킷이 황금빛을 띠고 필링이 보글보글 끓을 때까지 오븐에서 굽는다. 잠깐 식힌 뒤 낸다.

아이스크림 곁들이기

코블러, 특히 맛이 진하고 새콤한 과일로 만든 코블러에는 바닐라 빈 아이스크림을 곁들이면 좋다(108페이지 참조). 이 레시피에 들어간 시나몬, 포트와인에는 맛이 진한 레몬 아이스크림이나 초콜릿 아이스크림이 잘 어울린다.

디저트에 최적인 포트와인

달콤함이 더해진 포트와인은 디저트용으로 즐겨 마신다. 포트는 풍부하고 달콤한 맛부터 고소한 맛, 오크향까지 내기 때문에 디저트에 곁들여도, 또는 디저트 재료로 활용해도 훌륭하다. 특히 여기서 소개한 포트와인, 시나몬, 자두의 조합은 아주 매력적이다.

응용 레시피

구운 복숭아 코블러: 오븐을 200도로 예열한다. 복숭아 900g의 껍질을 벗기고 씨를 뺀다. 복숭아가 말랑해지고 약간 탄 느낌이 날 때까지 그릴에서 중강불로 5분간 굽는다. 설탕 230g, 레몬즙 2테이블스푼, 중력분 55g을 섞는다. 15×25㎝의 베이킹 팬에 담는다. 옆 페이지의 레시피에서 마지막 시나몬만 빼고 똑같이 조리한다.

블루베리 그런트: 오븐을 200도로 예열한다. 으깬 블루베리 450g, 신선한 블루베리 450g, 물 2컵, 설탕 450g, 레몬즙 2테이블스푼을 지름 25㎝의 무쇠 팬에 넣는다. 중강불에서 천천히 가열한다. 10분간 또는 걸쭉해질 때까지 끓인다. 옥수수 전분 55g과 물 ¼컵을 작은 볼에 담아 섞은 후, 팬에 붓고 저어가며 끓인다. 30초간 또는 아주 걸쭉해질 때까지 가열한다. 옆 페이지 2단계부터 같은 방식으로 하면 된다. 마지막으로 팬에 담긴 그대로 오븐에 넣어 굽는다.

그레이비 소스를 곁들인 오리 기름 비스킷

THE RECIPE 미국 남부지방의 아침 메뉴인 '비스킷 & 그레이비'의 업그레이드 버전이다. 비스킷에 들어가는 버터 대신 오리 기름으로 진하고 고소한 풍미를 더했다. 화이트 그레이비 소스는 아니스(팔각) 향이 살짝 도는 타라곤(사철쑥)과 매콤한 향의 차이브(서양 실파)를 조합해 완성했다.

THE RATIO 이 레시피에서 도우와 필링의 비율은 1:2이다.

1. 오븐을 220도로 예열한다. 28페이지를 참고해 비스킷을 준비하되, 버터 대신 오리 기름을 사용한다. 동일한 방법으로 오븐에 굽는다.

2. 비스킷이 오븐에 구워지는 동안 그레이비를 만든다. 큰 프라이팬에 버터를 넣고 중불로 녹인다. 양파를 넣고 8분간 또는 양파가 투명해질 때까지 계속 볶다가 불을 줄이고 밀가루를 넣는다. 밀가루의 날 냄새가 날아갈 때까지 2분간 계속 젓는다.

3. 계속 저으면서 팬에 우유를 넣고 중불에서 끓인다. 걸쭉해질 때까지 5~10분간 더 끓인 후, 불을 끄고 소금, 후추, 타라곤, 차이브를 넣는다.

4. 비스킷에 따뜻한 그레이비를 곁들여 낸다.

응용 레시피

베이컨 비스킷: 어떤 지방을 쓰느냐에 따라 비스킷의 맛이 달라진다. 위 레시피에서 오리 기름 대신 베이컨을 넣고 타라곤과 차이브는 빼보자. 그러면 '비스킷 & 그레이비' 본연의 맛이 확 살아난다.

산출량: 비스킷 6개

준비 시간: 30분

굽는 시간: 12분

비스킷 도우 450g [왼쪽 1단계대로 준비, 28페이지 참조]

차가운 다진 오리 기름 85g

무염버터 55g

슬라이스한 작은 양파 ½개 분량

중력분 30g

우유 2컵

빻은 후추 1티스푼

잘게 썬 타라곤 2티스푼

송송 썬 차이브 2티스푼

SCONE DOUGH

스콘 도우는 비스킷 도우와 만드는 과정이 거의 비슷하며, 화학적 팽창제를 사용한다. 비스킷 도우와의 차이점은 식감에 있다. 비스킷 도우는 차가운 버터를 쓰는 반면, 스콘은 헤비크림을 쓴다. 따라서 스콘 도우는 보다 밀도가 높고 잘 부서지는 식감을 가진다. 스콘 도우를 만들 때 우유 대신 크림을 사용하는 것은 우유보다 지방 함량이 높아서 진한 버터향을 내주기 때문이다. 스콘 도우의 비율은 8플라워 : 2설탕 : 6리퀴드 이다.

6 강력분

2 박력분

2 설탕

6 크림

이 도우로 만들 수 있는 것들:

스위트 스콘
세이버리 스콘

스콘 도우

산출량: 450g	**준비 시간**: 10분	**굽는 시간**: 20~30분

⑥ 강력분 170g

② 박력분 55g

② 그래뉴당 55g

베이킹파우더 4티스푼

소금 ½티스푼

추가 재료 최대 6가지 [선택 사항: 43페이지 참조]

⑥ 헤비 크림 ¾컵

도우 반죽하기

스콘 도우의 반죽은 손으로도 스탠드 믹서로도 할 수 있다.

손으로 반죽할 때

1. 큰 볼에 밀가루, 설탕, 베이킹파우더, 소금을 넣고 섞는다. 마른 재료를 추가하려면, 이때 재료를 더하고 반죽과 잘 섞일 때까지 저어준다.

2. 반죽에 헤비 크림을 넣고 젓는다. 물기 있는 재료를 추가하려면, 이때 재료를 넣고 도우가 살짝 뭉쳐질 때까지 저어준다. 그러면 도우가 매우 되직해질 것이다.

스탠드 믹서로 반죽할 때

1. 믹서의 볼에 밀가루, 설탕, 베이킹파우더, 소금을 넣는다. 스탠드 믹서에 혼합기 후크를 끼우고 잘 섞일 때까지 저속으로 돌린다.

2. 마른 재료를 추가하려면, 이때 재료를 넣고 반죽과 잘 섞일 때까지 저속으로 돌린다.

3. 반죽에 헤비 크림을 넣는다. 물기 있는 재료를 추가하려면, 이때 재료를 넣고 도우가 살짝 뭉쳐질 때까지 중저속으로 돌린다.

도우 성형하기

1. 오븐 중간 칸에 랙을 놓고, 오븐을 190도로 예열한다. 조리대에 밀가루를 살짝 뿌리고, 도우를 올린다. 모양이 잡힐 때까지 손으로 몇 번 반죽을 치댄다(23페이지 '치대기' 참조).

2. 도우를 10×20㎝ 직사각형으로 민다. 도우를 2등분하여 10×10㎝ 2개로 만든다. 각 사각형을 대각선으로 잘라 스콘 4개를 만든다.

3. 베이킹 시트 위에 유산지를 깔고, 스콘을 2.5㎝ 간격으로 가지런히 놓는다.

4. 25~30분간 또는 황금빛을 띨 때까지 오븐에서 굽는다.

보관하기

즉시 오븐에 굽거나 밀폐용기에 담아 보관한다. 냉장보관은 2일, 냉동보관은 1개월.

스콘 도우의 조건

- **도우:** 스콘 도우는 조금 끈적거리더라도 부드러워야 한다. 그래야 다루기가 쉽다. 또한 도우는 외관상 거칠어 보여야 한다.
- **페이스트리:** 제대로 만든 스콘은 부드럽고 바삭하며, 비스킷보다 약간 건조한 느낌이어야 한다. 겉의 크러스트는 단단하고 안의 크럼은 부드럽고 잘 부서져야 한다.

밀가루의 비율

스콘 도우는 강력분 3에 박력분 1의 비율이다. 비스킷 도우의 1:3과는 반대다. 이 비율대로 하면 글루텐이 많이 형성되어 비스킷 도우보다 단단하고 쫀쫀하다. 그래서 추가 재료를 많이 넣어도 모양을 유지할 수 있다.

설탕 더하기

이 책에서 설탕을 넣는 첫 사례가 스콘 도우다. 효모의 먹이로 또는 빵의 색을 진하게 할 목적으로 도우에 설탕을 넣기도 하지만, 여기서는 다른 많은 디저트처럼 단순히 단맛을 내기 위해 설탕을 더한다.

추가 재료(mix-in) 더하기

스콘 도우는 식감이 단단해서 추가 재료를 많이 넣을 수 있다. 도우 100g당 40g까지 넣어도 모양이 예쁜 스콘이 만들어진다. 다진 견과류나 말린 과일, 강판에 간 치즈, 다진 허브, 강판에 간 레몬 제스트 또는 빻은 향신료를 넣어보자.
단, 물기가 있거나 즙이 많은 재료를 섞을 때는 주의해야 한다. 수분이 들어가면 오븐에 굽는 동안 스콘의 모양이 퍼질 수 있기 때문이다. 그리고 크림의 ¼ 분량까지는 버터밀크와 같은 다른 리퀴드로 대체할 수 있다. 또는 크림에 1티스푼 정도의 추출물을 첨가할 수도 있다.

스콘 도우 성형하기

삼각형

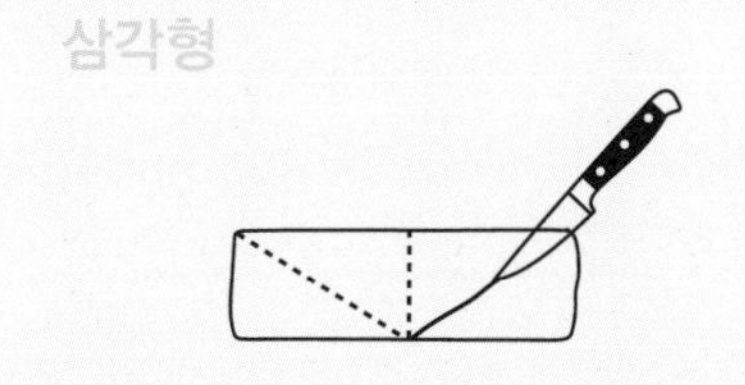

도우를 2등분한다. 자른 조각을 각각 대각선으로 자른다.

사각형

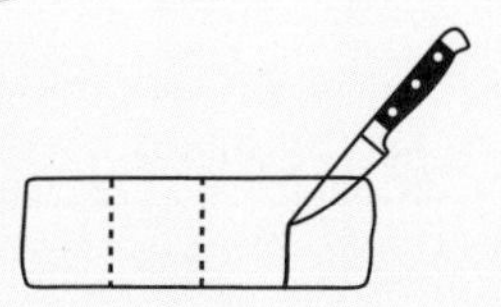

도우를 4등분한다.

원형

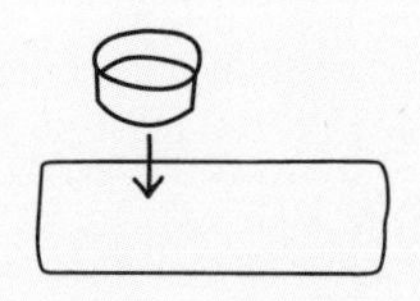

지름 6㎝ 쿠키 커터로 동그랗게 찍어낸다.

SCONE DOUGH RECIPES

스콘 도우 레시피

브라운 버터를 가미한 블루베리 스콘

2:1

THE RECIPE 블루베리 스콘은 동네 베이커리에서 쉽게 찾을 수 있고, 사람들이 즐겨 먹는 빵 중 하나다. 과즙을 듬뿍 머금은 블루베리가 박혀 있는 달콤하고 바삭한 스콘을 싫어할 사람이 있을까? 블루베리 스콘은 페이스트리 중에서도 가장 만들기 쉬운 편이다.

THE RATIO 스콘에는 비교적 많은 추가 재료를 넣을 수 있다. 이 레시피에서 도우와 추가 재료의 비율은 2:1이다.

산출량: 스콘 4개

준비 시간: 20분

굽는 시간: 25분

스콘 도우 450g [42페이지 참조]

신선한 블루베리 170g

무염버터 55g

연한 갈색설탕 15g

1. 42페이지대로 스콘 도우를 반죽하고 모양을 잡으면서, 나무 스푼으로 블루베리와 마른 재료들을 부드럽게 섞는다.

2. 작은 냄비에 버터를 넣고 연한 갈색을 띠면서 고소한 향이 날 때까지 중불에서 저어가며 가열한다. 이렇게 만들어진 브라운 버터를 스콘에 바르고, 그 위에 갈색설탕을 솔솔 뿌린다. 25분간 또는 황금빛을 띨 때까지 오븐에서 구워 낸다.

브라운 버터 만들기

브라운 버터(프랑스에서는 헤이즐넛 버터라 부른다)는 우유에 함유된 고형물이 버터 지방과 분리될 때까지 가열한 결과물이다. 고형물이 냄비 바닥 쪽으로 분리되므로, 끓이다 보면 갈색 또는 헤이즐넛 색깔을 띠게 된다. 버터가 빨리 고르게 녹을 수 있도록 미리 작게 다지고, 타지 않도록 계속 저어주는 것이 요령이다.

응용 레시피

다크 초콜릿 스콘: 위 레시피에서 블루베리 대신 다진 다크 초콜릿 170g을 넣는다. 브라운 버터는 빼고, 스콘 위에 갈색설탕과 초콜릿 쉐이빙 15g을 올리면 된다.

카포콜로를 더한 브리 치즈 스콘

16:5

THE RECIPE 카포콜로(capocollo)와 로즈마리로 진하고 강렬한 풍미를 더한 스콘이다. 오븐에 구울 때 브리 치즈가 스콘 도우 안으로 스며들어 새콤하고 부드러운 맛이 더해진다. 저녁 식탁에 올리면 잊을 수 없는 특별 메뉴가 될 것이다.

THE RATIO 이 레시피에서 도우와 추가 재료의 비율은 16:5이다.

산출량: 스콘 4개

준비 시간: 10분

굽는 시간: 30분

스콘 도우 450g [42페이지 참조]

얇게 슬라이스한 카포콜로 55g

브리 치즈 55g [가로세로 0.5cm로 깍둑 썰기해 준비]

다진 로즈마리 2티스푼

녹인 무염버터 30g

소금 ¼티스푼

1. 42페이지대로 스콘 도우를 반죽한다. 반죽 모양을 잡으면서 카포콜로, 브리 치즈, 로즈마리와 추가할 마른 재료들을 넣고 부드럽게 젓는다.

2. 브러시로 녹인 버터를 스콘 위에 바르고, 그 위에 소금을 솔솔 뿌린다.

3. 25~30분간 또는 연한 황금빛을 띨 때까지 오븐에 구운 후 낸다.

카포콜로란?
돼지의 목과 어깨 부위를 염장하여 말린 것을 말한다. 코파(coppa), 카피콜라(capicola), 가바굴(gabagou)이라고도 불린다. 카포콜로를 정육점에서 구입할 때는 아주 얇게 슬라이스해 달라고 주문하자. 다른 절인 돼지고기 중에 좋아하는 게 있다면 대체해도 좋다.

응용 레시피

베이컨 차이브 스콘: 위 레시피에서 카포콜로 대신 다진 베이컨을 넣고, 브리 치즈 대신 파르마산 치즈를, 로즈마리 대신 다진 차이브를 넣으면 된다.

PIE DOUGH

파이도우는 비스킷 도우 반죽법으로 만들지만, 부풀리는 과정이 없어 버터가 도우 전체에 완전히 섞이지 않는다. 따라서 비스킷 도우에 비해 버터 알갱이는 크고 리퀴드는 덜 들어간다. 이렇게 하면 도우가 얇게 결결이 분리되고 크럼은 덜 부드럽다. 퍼프 페이스트리처럼 꼼꼼하게 만들지 않아도 도우가 결결이 떨어지는 것이 특징이다. 파이 도우는 파이 팬에 넣어 모양을 잡거나, 아니면 불규칙한 모양 그대로 구워도 된다.

파이 도우의 비율은 8플라워 : 7지방 : 2리퀴드 이다.

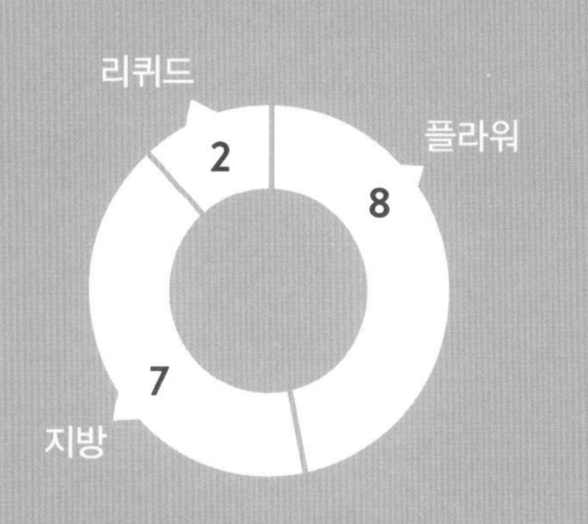

- 6 강력분
- 2 박력분
- 7 버터
- 2 우유

이 도우로 만들 수 있는 것들:

- 밀폐형 파이
- 오픈 파이
- 갈레트
- 핸드 파이
- 포트 파이
- 크래커

파이 도우

산출량: 450g	준비 시간: 2시간	굽는 시간: 상황에 따라

⑥ 강력분 170g
② 박력분 55g
소금 1티스푼
⑦ 차가운 무염버터 200g
② 물 ¼컵

도우 반죽하기

파이 도우의 반죽은 손으로도 푸드 프로세서로도 할 수 있다.

손으로 반죽할 때

1. 큰 볼에 밀가루와 소금을 넣어 잘 섞는다. 버터를 가로세로 1.3㎝로 깍둑썰기한 다음, 손으로 으깨거나 페이스트리 커터로 잘라서 콩알만 한 크기로 밀가루 혼합물에 더한다. 손으로 으깰 때는 버터가 녹지 않도록 재빨리 끝낸다.

2. 물을 붓고, 도우가 살짝 뭉쳐질 때까지 손이나 나무 스푼으로 10~15회 저어가며 반죽한다. 반죽은 매우 거칠고 큰 덩어리 몇 개로 만들어질 것이다.

3. 밀가루를 살짝 뿌린 조리대로 도우 덩어리들을 옮기고 함께 눌러준다. 모양이 잡힐 때까지 4~5회 정도 치댄다. 도우를 2.5㎝ 두께로 동그랗게 민 다음, 유산지에 꼭꼭 싸서 냉장고에 1시간쯤 넣어둔다.

푸드 프로세서로 반죽할 때

1. 푸드 프로세서의 볼에 밀가루와 소금을 넣고 2~3회 펄스 모드로 돌려서 잘 섞는다. 버터를 가로세로 1.3㎝로 깍둑썰기하여 더한다. 푸드 프로세서를 펄스 모드(1초간 약 8회)로 해서, 버터 알갱이가 콩알만 해질 때까지 돌린다. 물을 더하고 도우가 살짝 뭉쳐질 때까지 3~4회 더 돌린다. 큰 덩어리 몇 개로 만들어질 수 있다.

2. 밀가루를 살짝 뿌린 조리대로 도우 덩어리들을 옮기고 함께 눌러준다. 모양이 잡힐 때까지 4~5회 정도 치댄다. 도우를 2.5㎝ 두께로 동그랗게 민 다음, 유산지에 꼭꼭 싸서 냉장고에 1시간쯤 넣어둔다.

보관하기

파이 도우는 화학적 팽창제를 사용하지 않기 때문에 유산지에 잘 싸두면 오래 보관할 수 있다. 분량을 2~4배로 늘여서 1개월분을 미리 만들어 보관해도 좋다. 나중에 도우를 어떻게 쓸지 미리 계획해서, 원하는 형태와 비슷하게 1인치 두께로 만들어서 보관하면 작업이 훨씬 쉬워진다. 냉장 보관은 4일, 냉동 보관은 4개월.

파이 도우의 조건

- **도우:** 제대로 만든 파이 도우는 꽤 건조한 상태라서 다루기가 어렵다. 또한 도우 전체에 퍼져 있는 버터 입자가 보인다. 도우를 밀 때 찢어지거나 부서지지 않고 형태가 잘 유지되는 것이 좋다.
- **페이스트리:** 제대로 구워진 파이는 결결이 잘 떨어진다. 필링이 닿지 않은 부분은 겉이 결결이 떨어지고 잘 부서져야 한다. 필링에 닿은 부분은 결결이 떨어지지는 않더라도 여전히 마르고 바삭거려야 한다.

밀가루의 비율

파이 도우의 경우, 강력분과 박력분의 비율은 3:1이다. 강력분의 비율이 높으면 단백질의 함량 또한 높아서 결결이 잘 떨어지고 바삭한 파이가 만들어진다. 강력분만으로도, 또는 중력분만으로도 만들 수 있다.

파이 모양 잡기

1

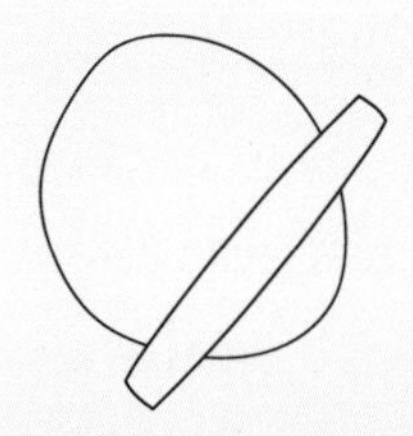

도우를 지름 35㎝로 동그랗게 민다.

2

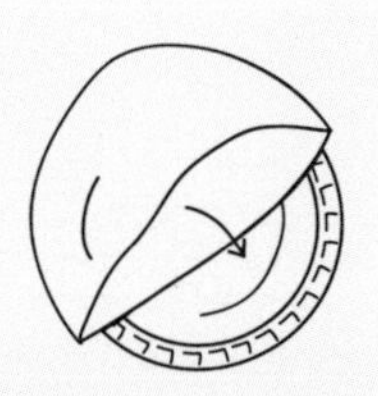

도우를 지름 23㎝의 파이 팬에 넣는다.

3

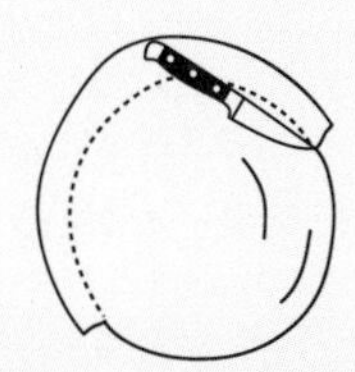

가장자리에 삐져나온 도우를 칼로 잘라낸다.

4

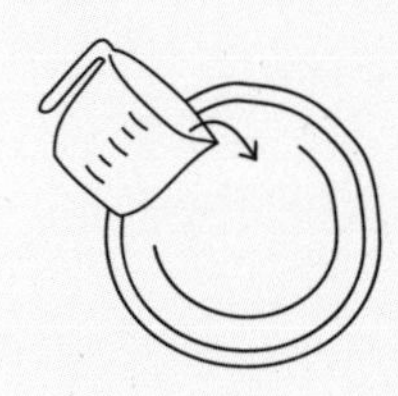

파이에 필링을 채운다.

5

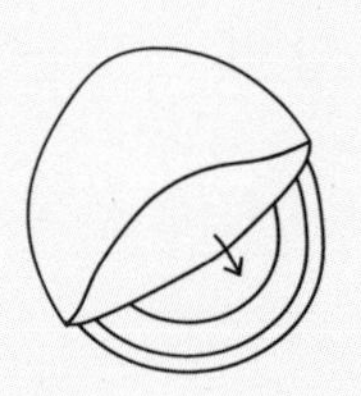

뒤 페이지에 나오는 방법 중 하나로 위를 덮는다.

격자 모양 덮기

1

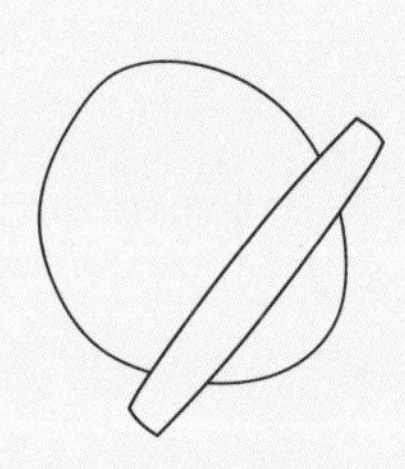

도우를 지름 25㎝로 동그랗게 민다.

2

도우를 1.3㎝ 너비의 띠 18개로 자른다. 양끝의 띠 2개는 버린다.

3

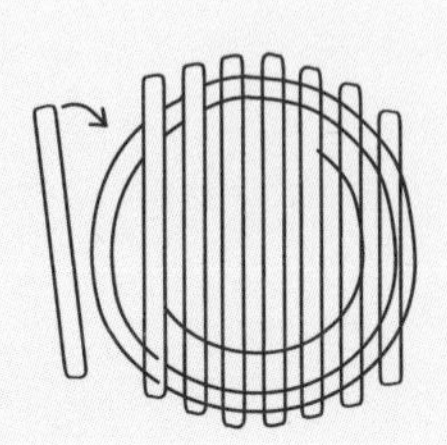

파이 위에 일정한 간격을 두고, 띠를 세로로 놓는다.

4

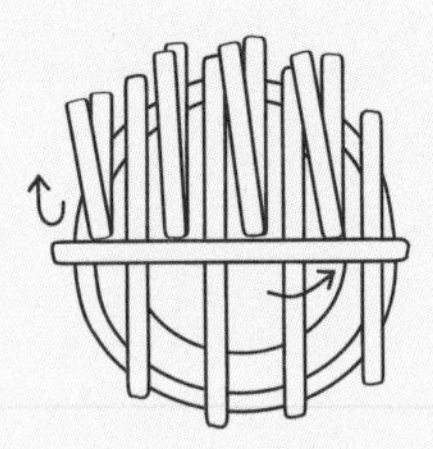

띠를 하나씩 걸러 가며 반을 접어 위로 올린다. 긴 띠를 파이 중앙에 가로로 놓는다.

5

접었던 띠를 다시 펼치고 접지 않았던 띠를 위로 접는다. 그리고 다른 띠 하나를 가로로 놓는다.

6

파이가 다 덮일 때까지 이 과정을 반복한다. 삐져나온 도우를 칼로 잘라내고 가장자리를 꼭꼭 눌러 닫는다.

잎사귀 모양 덮기

1

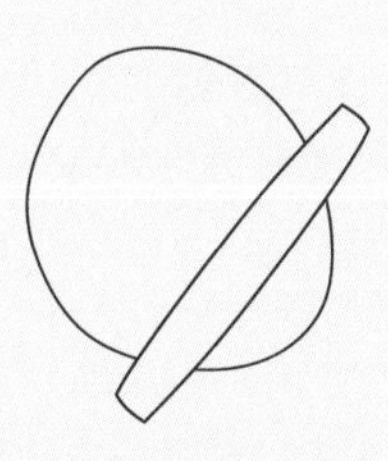

도우를 지름 35㎝로 동그랗게 민다.

2

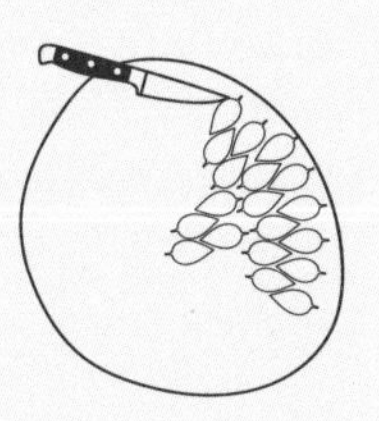

쿠키 커터나 과도로 작은 잎사귀 모양을 오려낸다.

3

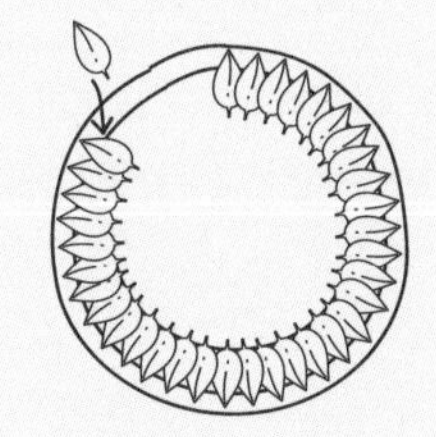

가장자리부터 잎사귀를 살짝 포개가며 얹는다.

4

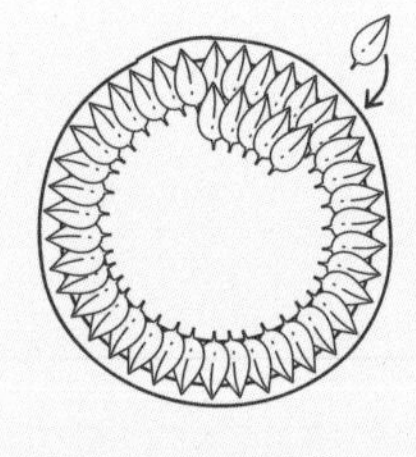

한 바퀴 빙 둘렀다면 안쪽으로 한 바퀴 더 잎사귀를 살짝 포개가며 얹는다.

5

파이가 다 덮일 때까지 이 과정을 반복한다.

밀폐형 덮기

1

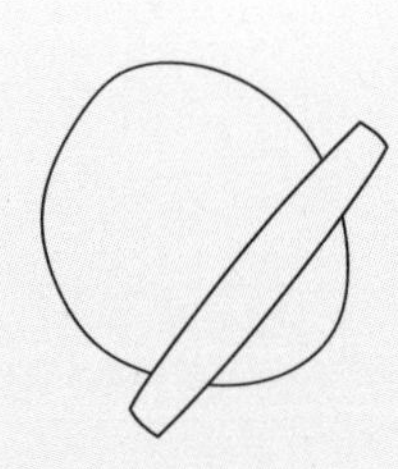

도우를 지름 25㎝로 동그랗게 민다.

2

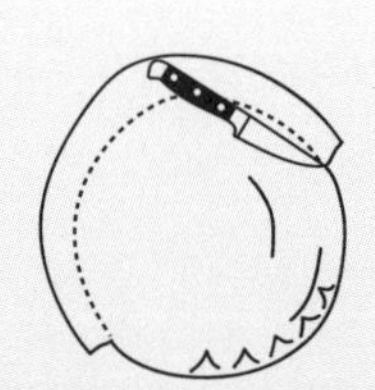

만들어놓은 파이 위에 도우를 얹는다. 가장자리에 삐져나온 도우를 칼로 잘라낸 다음, 가장자리를 꼭꼭 눌러 닫는다.

3

파이 중앙에 칼로 공기구멍을 낸다.

갈레트

1

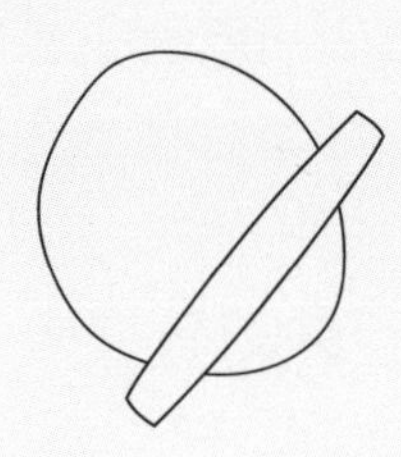

도우를 지름 35㎝로 동그랗게 민다.

2

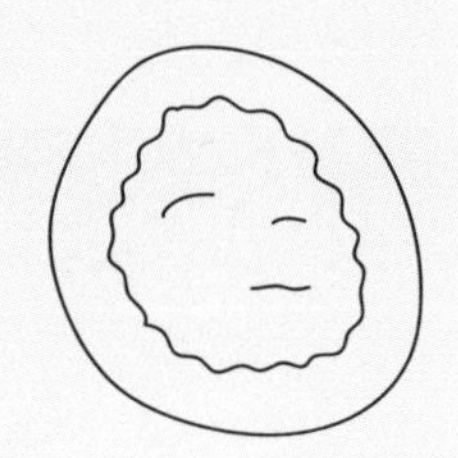

도우 가장자리에서 7㎝ 안쪽으로 필링을 붓는다.

3

가장자리를 접어 닫는다. 필요에 따라, 도우가 겹치게 접어도 된다.

핸드 파이

1

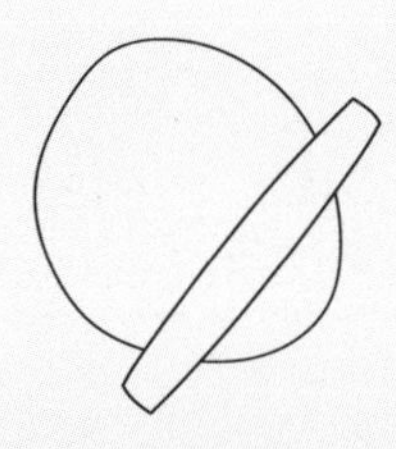

도우를 지름 15㎝로 동그랗게 민다.

2

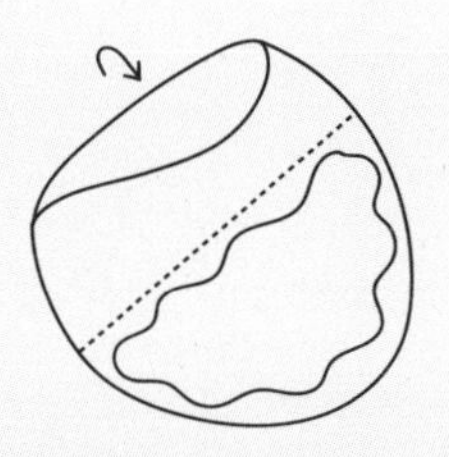

필링을 도우의 절반쯤 채우고 절반의 공간을 남긴다. 도우를 반으로 접는다.

3

포크로 가장자리를 꼭꼭 눌러 닫는다.

가장자리 주름 만들기

1

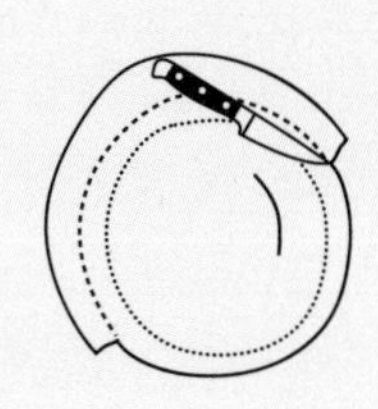

가장자리에 삐져나온 도우를 칼로 잘라낸다.

2

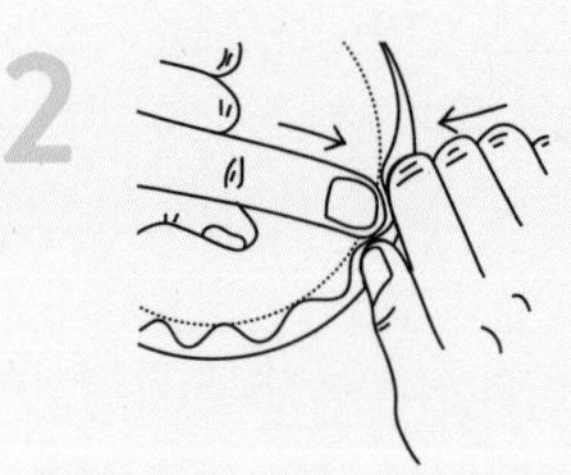

엄지 손끝과 검지 마디를 도우의 바깥쪽에 붙여 사이에 잡히는 도우를 눌러 주름을 잡는다.

3

가장자리 전체에 주름 장식이 잡힐 때까지 반복한다.

가장자리 땋기(브레이드)

1

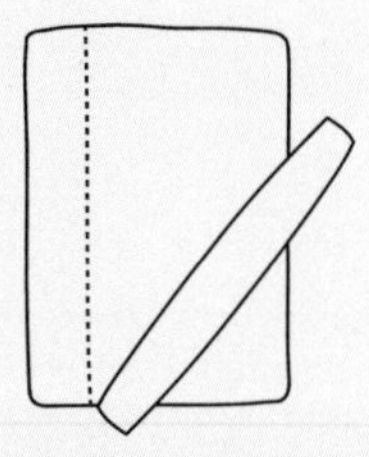

가장자리에 삐져나온 도우를 칼로 잘라낸 뒤, 나머지 도우를 15×25㎝의 사각형으로 민다. 도우를 세로로 잘라18개의 띠를 만든다.

2

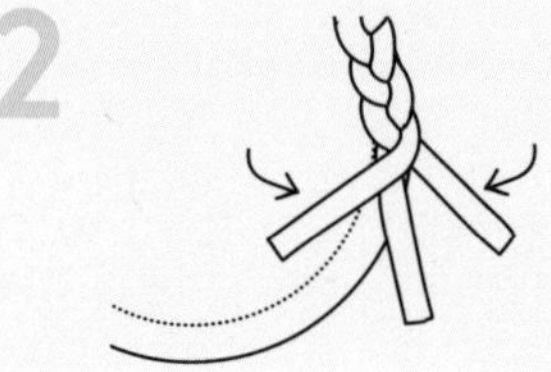

띠 3개를 함께 땋아 접시 가장자리에 얹는다.

3

띠 3개씩을 계속 땋아서 접시 가장자리를 빙 둘러 채운다.

다른 가장자리 장식

체크 모양

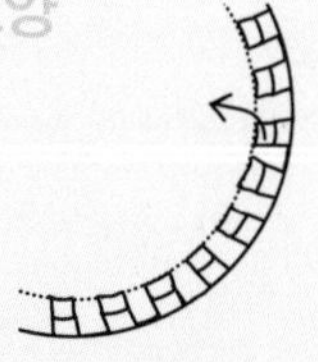

도우의 가장자리를 돌아가며 0.5㎝마다 칼집을 넣는다. 칼집을 하나씩 걸러 접어 체크무늬를 만든다.

꽃잎 모양

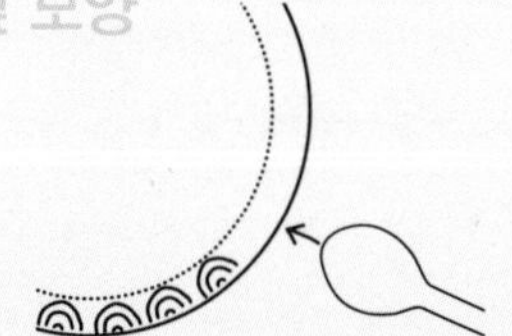

그림과 같이 스푼 끝으로 도우를 눌러 3개의 반원 모양을 만든다. 살짝 간격을 두면서 가장자리를 빙 둘러 같은 모양으로 채운다.

오려내어 붙이기

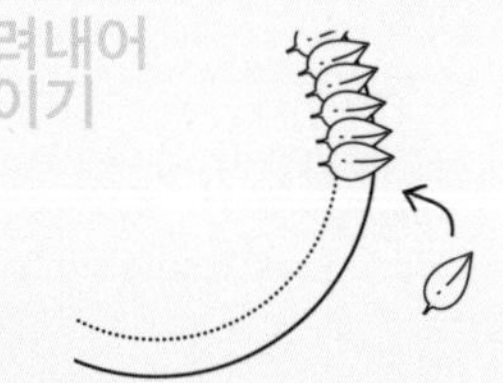

쿠키 커터나 과도로 원하는 모양을 오려낸다. 가장자리부터 오려낸 것을 조금씩 포개가며 얹는다. 살짝 눌러 잘 붙도록 한다.

가리비 모양

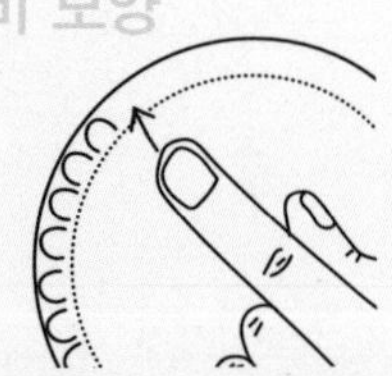

엄지나 검지로 도우의 가장자리를 눌러 홈을 낸다. 간격을 조금씩 두고 가장자리를 빙 둘러 채운다.

밧줄 모양

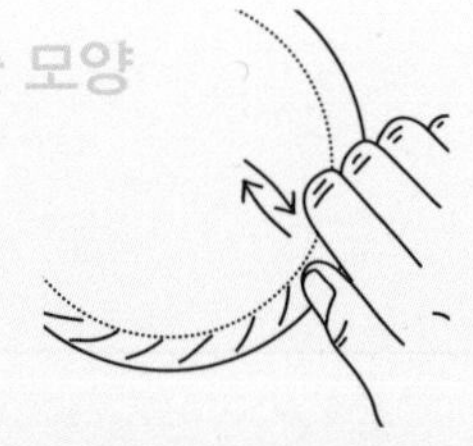

엄지 손끝과 검지 마디로 도우를 꼬집는다. 안쪽으로 살짝 굴려서 사선의 골을 만든다. 이 과정을 반복한다.

PIE DOUGH RECIPES

파이 도우 레시피

애플 스파이스 파이

THE RECIPE 아마 애플파이보다 더 클래식한 파이는 없고, 클래식한 것을 업그레이드하기란 때론 불가능에 가깝다. 아래에 소개하는 레시피는 당신의 어머니나 할머니의 것일지도 모른다. 개인적으로 달콤새콤한 '핑크 레이디' 품종의 사과를 선호한다. 새콤한 맛만을 원한다면 그래니 스미스 품종도 괜찮다.

THE RATIO 파이는 도우가 상당히 무거운 필링도 소화해낼 수 있음을 증명한다. 이 레시피에서는 도우와 필링의 비율이 1:3이다.

산출량: 밀폐형 파이 1개 [지름 23㎝]

준비 시간: 30분

굽는 시간: 30분

파이 도우 900g [50페이지 레시피의 2배 분량]

상온에 둔 무염버터 55g

핑크 레이디 사과 2,700g [껍질을 벗기고 씨를 뺀 뒤 세로로 8등분해 준비]

그래뉴당 85g

갈색설탕 85g

레몬즙 2테이블스푼

빻은 시나몬 2티스푼

빻은 넛맥 ½티스푼

빻은 올스파이스 ¼티스푼

빻은 생강 ¼티스푼

소금 1티스푼

옥수수 전분 30g

달걀물 1개 분량

1. 오븐 중간 칸에 랙을 놓고, 오븐을 200도로 예열한다. 파이 도우를 2.5㎝ 두께의 원반형 2개로 나눈 다음, 유산지에 꼭꼭 싸서 냉장고에 넣어둔다. 큰 냄비에 버터를 넣고 중약불로 끓이다가 사과를 넣고 가끔씩 저어가며 5분간 또는 사과가 살짝 물러질 때까지 익힌다. 설탕, 레몬즙, 시나몬, 넛맥, 올스파이스, 생강, 소금을 넣고 골고루 섞이도록 젓는다. 사과가 완전히 무르고 걸쭉해질 때까지 10분간 더 조린다.

2. 작은 볼에 물 ½컵과 옥수수 전분을 담아 섞는다. 이를 냄비의 사과 혼합물에 저어가며 넣는다. 중강불에서 필링이 끓어 걸쭉해질 때까지 자주 저으면서 가열한다. 이후 30초 더 끓인 뒤 불을 끄고 한쪽에 둔다.

3. 밀가루를 살짝 뿌린 조리대에 도우 1개를 올리고, 지름 35㎝로 동그랗게 민다. 도우를 지름 23㎝의 파이 팬에 담는다. 도우가 늘어나지 않게 주의하면서 팬의 바닥 쪽으로 누른다. 팬 가장자리의 도우를 살짝 눌러준 뒤 남는 도우는 칼로 잘라낸다. 도우 가운데에 필링을 산처럼 부어준다.

4. 조리대에 밀가루를 살짝 뿌리고 두 번째 도우를 올린 다음, 지름 35㎝로 동그랗게 민다. 필링을 부어놓은 첫 번째 도우 위에 두 번째 도우를 올리고 가장자리를 눌러서 단단히 붙인다. 파이 가운데에 눈물 모양의 구멍을 4개 뚫어서 구워지는 동안 증기가 빠져나가게 한다. 삐져나온 도우는 칼로 잘라내고, 밧줄 모양으로 덮는다(54페이지 참조). 달걀물을 브러시에 묻혀 도우에 가볍게 바른다. 30분간 또는 황금빛을 띨 때까지 오븐에서 굽는다. 식힘망에서 식힌 후 낸다.

버번 초콜릿 피칸 파이

1:2

THE RECIPE 홀리데이 시즌에만 피칸 파이를 먹는다고 생각하는 사람들이 많다. 하지만 이곳 텍사스에서는 식사 후에 피칸 파이 한쪽을 디저트로 먹기도 한다. 여기서는 특별한 날에 먹는, 고소하고 달콤한 냄새에 초콜릿 향이 듬뿍 나는 피칸 파이를 소개하겠다. 초콜릿으로 피칸 파이를 업그레이드하고, 버번과 시나몬으로 스파이시한 매력을 더했다.

THE RATIO 이 레시피에서는 도우와 필링의 비율이 1:2이다.

산출량: 오픈 파이 1개 [지름 23㎝]

준비 시간: 20분

굽는 시간: 45분

냉장 보관한 파이 도우 450g [50페이지 참조]

갈색설탕 85g

연한 옥수수 시럽 ½컵

달걀 4개

버번 15g [또는 1테이블스푼]

빻은 시나몬 ½티스푼

바닐라 추출물 ½티스푼

녹인 무염버터 55g

굵게 다진 피칸 340g

굵게 다진 다크 초콜릿170g [카카오 52~70%]

장식용 피칸_약간 [반으로 갈라 준비]

1. 오븐 중간 칸에 랙을 놓고, 190도로 예열한다. 갈색설탕과 옥수수 시럽을 큰 볼에 넣고 섞는다. 준비한 달걀을 1개씩 잘 섞어가며 모두 넣는다. 버번, 시나몬, 바닐라, 버터도 저어가며 더한다. 다진 피칸과 초콜릿을 넣고 어우러질 때까지 섞은 다음, 한쪽에 둔다.

2. 밀가루를 살짝 뿌린 조리대에 냉장고에서 꺼낸 도우를 올린다. 도우를 지름 35㎝로 동그랗게 민다. 그다음, 지름 23㎝의 파이 팬에 도우를 옮겨 담고 도우가 늘어나지 않게 주의하면서 팬의 바닥 쪽으로 누른다. 팬 가장자리의 도우를 살짝 눌러준 뒤, 삐져나온 도우는 칼로 잘라낸다.

3. 파이에 필링을 붓는다. 파이 가장자리에 반으로 가른 피칸을 가지런히 올리고 살짝 눌러 고정한다. 40~45분 동안, 또는 파이 윗부분이 갈색을 띠고 필링이 자리를 잡을 때까지 굽는다. 식힘망에서 식힌 후 낸다.

홈메이드 호박 퓌레

도토리 호박(에이콘 스쿼시), 국수 호박(스파게티 스쿼시), 펌프킨 등 박과 식물의 열매로 퓌레를 만들면 파이의 필링으로 쓸 수 있다. 먼저 호박을 반으로 갈라 씨와 속을 파낸다. 베이킹 시트에 유산지를 깔고 호박의 절단면이 위로 향하게 올린 후, 속이 부드럽게 무를 때까지 오븐에 굽는다.
작은 파이용 펌프킨은 35분간, 땅콩 호박(버터넛 스쿼시)은 1시간 정도 걸린다. 호박 과육을 퍼서 푸드 프로세서에 넣고 부드러워질 때까지 돌린다. 산출량은 호박 크기에 따라 다르다.

응용 레시피

펌킨 스쿼시 파이: 또 하나의 홀리데이 대표 메뉴를 살짝 변형해 펌프킨과 땅콩 호박(버터넛 스쿼시)이 들어간 파이를 만들어보자. 먼저 파이 도우 450g를 준비하고(50페이지 참조) 필링을 만든다. 달걀 2개, 펌프킨 퓌레 1½컵, 땅콩 호박 퓌레(왼쪽의 '홈메이드 호박 퓌레' 참조) ½컵, 코코넛 밀크 ¼컵, 바닐라 추출물 1티스푼, 갈색설탕 170g, 중력분 15g, 빻은 계피 2티스푼, 오렌지 제스트 1티스푼, 빻은 생강 1티스푼을 큰 볼에 넣고 잘 섞는다. 파이 도우에 필링을 붓고 190도에서 1시간, 또는 필링이 자리 잡을 때까지 오븐에서 굽는다.

*미국에서는 일반적으로 할로윈을 상징하는 주황색의 둥글고 큰 호박을 펌프킨, 애호박이나 길쭉한 호박을 스쿼시라고 한다(옮긴이).

자두 체리 갈레트

THE RECIPE 갈레트 또는 크로스타타(crostata)는 파이 도우로 만든 삐뚤빼뚤한 모양의 페이스트리다. 결결이 떨어지는 것보다 잘 부서지는 식감을 원한다면 쇼트크러스트 도우(72페이지 참조) 450g으로 만들면 된다. 갈레트를 만드는 방법은 동일하므로 아래 레시피를 따르자. 여기서는 색이 진한 자두와 체리로 진하고 새콤한 맛을 더하고, 시나몬과 오렌지로 새콤한 맛에 균형을 잡았다.

THE RATIO 이 레시피에서는 도우와 필링의 비율이 1:3이다.

산출량: 갈레트 1개 [지름 25㎝]

준비 시간: 30분

굽는 시간: 55분

냉장 보관한 파이 도우 450g [50페이지 참조]

블랙 스플렌더(Black Splendor) 자두 또는 새콤한 자두 900g [씨를 빼고 세로로 8등분해서 준비]

다크 허드슨(Dark Hudson) 체리 또는 달콤한 체리 450g [씨를 빼고 2등분해서 준비]

귀리 가루 15g

중력분 7g

그래뉴당 15g

오렌지 제스트 1테이블스푼

빻은 시나몬 ¼티스푼

소금 ¼티스푼

달걀물 1개 분량

프로세코 크림 약간 [선택사항, 오른쪽 레시피]

1. 오븐 맨아래 칸에 베이킹용 스톤을 놓고, 220도로 예열한다. 밀가루를 살짝 뿌린 조리대에 도우를 올린 다음, 지름 38㎝로 동그랗게 민다. 유산지를 가로세로 40㎝ 사각형으로 잘라 피자 필(peel, 피자를 오븐에 넣고 뺄 때 쓰는 도구—옮긴이)이나 베이킹 시트 위에 깐다. 밀가루를 가볍게 뿌린 후에 도우를 올려놓는다.

2. 작은 볼에 밀가루와 설탕을 담아 섞는다. 도우의 가장자리에서 7㎝ 안쪽에 밀가루 혼합물을 솔솔 뿌린다. 자두와 체리를 그 위에 가지런히 얹는다. 쌓아놓은 과일 가장자리가 5㎝ 정도 덮이게 도우 가장자리를 접는다. 도우가 살짝 겹쳐져도 괜찮다.

3. 작은 볼에 오렌지 제스트, 시나몬, 소금을 담아 섞는다. 브러시에 달걀물을 묻혀 위로 드러난 도우에 발라준다. 도우와 필링 위에 오렌지 제스트 혼합물을 솔솔 뿌린다.

4. 피자 필이나 베이킹 시트 위에 놓인 갈레트를 오븐 안의 뜨거워진 베이킹 스톤 위로 조심스럽게 옮긴다. 오븐에 20분간 굽다가, 오븐 온도를 190도로 낮추고 25~35분간 또는 깊은 황금빛을 띨 때까지 더 굽는다. 피자 필을 이용해 유산지 위의 갈레트를 베이킹 스톤에서 식힘망 위로 옮긴다. 식힌 후에 낸다. 갈레트 위에 프로세코 크림(prosecco cream)을 올려도 된다.

TIP 베이킹 스톤이나 피자 필이 없다면, 베이킹 시트에 유산지를 깔고 오븐 맨 아래 칸에서 같은 시간 동안 구워내면 된다.

프로세코 크림

헤비 크림 1컵과 캐스터 설탕(입자가 매우 고운 설탕) ¼컵을 믹서 볼에 넣고 섞는다. 스탠드 믹서로 뾰족한 봉우리가 생길 때까지 고속에서 휘핑한다. 중속으로 줄인 다음, 프로세코 와인 2테이블스푼을 더한다. 다시 뾰족한 봉우리가 생길 때까지 고속에서 돌리면, 2컵 분량의 프로세코 크림이 완성된다.

응용 레시피

미니 블루베리 복숭아 갈레트: 도우를 2등분하여 지름 23㎝의 원형 2개를 만든다. 작은 볼에 중력분 30g, 그래뉴당 15g, 소금 ½티스푼을 담아 섞는다. 가장자리 5㎝ 안쪽으로 밀가루 혼합물을 각각 절반씩 뿌린다. 슬라이스한 복숭아 900g과 블루베리 450g을 섞은 뒤 2등분하여 밀가루 혼합물을 뿌린 부분에 가지런히 얹는다. 도우의 가장자리를 필링 위로 접는다. 브러시로 달걀물을 갈레트 위에 바르고, 갈색설탕 15g과 껍질을 벗겨 강판에 간 생강 1티스푼을 뿌린다. 옆 페이지의 방법대로 오븐에서 굽는다.

마스카포네를 더한 블루베리 핸드 파이

1:1

THE RECIPE 핸드 파이야말로 베이킹의 가장 큰 업적이 아닐까? 파이를 손에 들고 다닐 수 있다는 것은 아무리 생각해봐도 대단한 일이니까.

THE RATIO 이 레시피에서 도우와 필링의 비율은 1:1이다. 필링만큼 파이 크러스트를 좋아하는 사람을 위한 레시피다.

1. 오븐 중간 칸에 랙을 놓고, 오븐을 200도로 예열한다. 파이 도우를 1.3㎝ 두께의 원반형 6개로 만들어 유산지에 꼭꼭 싼 다음 냉장고에 넣어둔다. 블루베리 절반 분량을 푸드 프로세서나 블렌더에 넣고 퓌레로 만든다.
   블루베리 퓌레, 나머지 생 블루베리, 물 1컵, 설탕, 레몬즙을 큰 냄비에 넣고 강불에서 끓인다. 끓기 시작하면 불을 살짝 줄이고 가끔씩 저어가며 15분간 또는 필링이 살짝 걸쭉해질 때까지 끓인다.

2. 물 ¼컵과 옥수수 전분을 작은 볼에 담아 섞은 다음, 블루베리 혼합물에 넣고 젓는다. 30초간 또는 걸쭉해질 때까지 저어가며 끓인다. 살짝 식힌 뒤 마스카포네 치즈, 레몬 제스트, 소금을 더한다. 잘 섞일 때까지 저은 뒤 한쪽에 둔다.

3. 밀가루를 살짝 뿌린 조리대에 도우 하나를 올려서 지름 15㎝로 둥글게 민다. 하나만 남기고 나머지 도우는 다시 냉장고에 넣는다.

4. 도우 가장자리에서 1.2㎝를 남기고, 약 ¼컵 분량의 필링을 도우의 반쪽에 올린다. 필링 위로 도우를 접어서 덮고, 가장자리를 잘 눌러 붙인다(54페이지 참조). 잘 드는 칼로 파이 위쪽에 1.2㎝ 길이의 선을 몇 개 그어서, 굽는 동안 증기가 빠져나가게 한다. 베이킹 시트 위에 유산지를 깔고 파이를 얹은 뒤 냉장고에 넣는다. 나머지 도우 5개도 같은 방법으로 작업하되, 완성될 때마다 하나씩 냉장고의 베이킹 시트 위로 옮긴다.

산출량: 핸드 파이 6개

준비 시간: 30분

굽는 시간: 25분

파이 도우 900g [50페이지 레시피의 2배 분량]

생 블루베리 680g [나눠서 사용]

물 1¼컵

그래뉴당 340g

레몬즙 2테이블스푼

옥수수 전분 55g

마스카포네 치즈 170g

레몬 제스트 2테이블스푼 [큰 레몬이면 1~2개, 작은 레몬이면 2~3개 분량]

소금 2티스푼

달걀물1개 분량

갈색설탕 30g

5. 달걀물을 브러시에 묻혀 파이 위에 바르고 그 위에 갈색설탕을 솔솔 뿌린다. 20~25분간 또는 깊은 황금빛을 띨 때까지 오븐에서 굽는다. 팬 위에서 잠시 식혔다가 식힘망으로 옮겨 완전히 식힌 후에 낸다.

응용 레시피

클래식 체리 핸드 파이: 반을 갈라 씨를 뺀 체리 450g, 물 1컵, 그래뉴당 280g, 레몬즙 2테이블스푼을 큰 냄비에 넣고 가열한다. 끓기 시작하면 불을 살짝 줄이고 보글보글 끓는 상태에서 10분간 더 끓인다. 작은 볼에 옥수수 전분 55g과 물 ¼컵을 담아 섞은 다음, 냄비에 더하고 저어준다. 다시 끓기 시작하면 30초간 또는 걸쭉해질 때까지 더 끓인다. 이후 옆 페이지 3단계부터 같은 방식으로 만든다.

초콜릿 헤이즐넛 핸드 파이: 헤이즐넛 초콜릿 스프레드 450g, 방금 내린 뜨거운 커피 ½컵, 헤비 크림 ¼컵, 볶아서 다진 헤이즐넛 170g, 오렌지 제스트 2테이블스푼을 볼에 넣고 섞는다. 이후 옆 페이지 3단계부터 같은 방식으로 만든다.

구운 옥수수를 넣은 치킨 포트 파이

1:8

THE RECIPE 마음까지 따뜻해지는 치킨 포트 파이를 만들어보자. 여기서는 여름철 식재료 중 개인적으로 가장 좋아하는 옥수수와 타임을 사용했다. 옥수수와 닭을 그릴에 구우면 맛있는 숯불 향을 입힐 수 있다.

THE RATIO 이 레시피에서는 도우와 필링의 비율이 1:8이다.

산출량: 포트 파이 4개

준비 시간: 1시간

굽는 시간: 30분

파이 도우 450g [50페이지 참조]

발골하지 않은 닭가슴살 900g

껍질 벗긴 옥수수 2개

무염버터 55g

슬라이스한 펜넬(fennel) 뿌리 ½개 분량

슬라이스한 노랑 양파 ½개 분량

다진 타임 1테이블스푼

다진 마늘 2쪽

중력분 2테이블스푼

치킨 스톡 3½컵

헤비 크림 ½컵

깍둑 썬 노랑 감자 큰 것 1개 분량

월계수잎 1장

달걀물 1개 분량

1. 파이 도우를 2.5㎝ 두께로 민 다음, 유산지에 꼭꼭 싸서 냉장고에 넣어둔다. 닭가슴살과 옥수수를 그릴에 구울 준비를 한다. 먼저 석탄에 불을 붙인 다음, 20~30분간 태워 겉은 하얗고 속은 빨갛게 달아오를 때까지 기다린다. 그릴을 반으로 나눠 석탄을 한쪽으로 몰아서 일정한 높이로 쌓는다. 그릴의 다른 반쪽은 비워놓는다. 석탄 위에 쇠살대를 걸어 예열한다. 프로판 그릴의 경우, 그릴 한쪽은 불을 세게 하여 달구고 다른 한쪽은 그대로 둔다.

2. 닭의 껍질 쪽을 아래로 하여 뜨겁게 달군 그릴 위에 올린다. 3~5분간 또는 닭 표면이 살짝 황금빛을 띨 때까지 굽는다. 닭을 뒤집어서 다른 쪽도 3~5분간 굽는다. 닭의 껍질 쪽을 아래로 하여 달구지 않은 그릴 쪽으로 옮긴다. 그다음 옥수수를 그릴에 올린다. 닭은 그릴 뚜껑을 닫고 30~35분간, 또는 찔렀을 때 맑은 육수가 흐르고 고기 온도가 75도가 될 때까지 굽는다.

3. 닭과 옥수수가 구워지는 동안 냄비에 버터를 넣고 중불에 녹인다. 펜넬, 양파, 타임을 더하고 약 10분간 또는 양파가 투명해지고 부드러워질 때까지 볶는다. 마늘을 넣고 2분간 더 볶다가 불을 줄이고 밀가루를 넣는다. 밀가루의 날 냄새가 날아갈 때까지 2분간 계속 젓는다. 스톡, 크림, 감자, 월계수 잎을 넣고 중강불에서 자작하게 끓어오를 때까지 끓인다. 그다음, 뭉근히 끓도록 약불로 줄인다. 뚜껑을 덮지 않은 채 30분간 더 끓인다.

4. 오븐을 180도로 예열한다. 옥수수는 알갱이를 떼어내고 닭은 잘게 썰거나 찢는다. 옥수수 알갱이와 닭을 소스에 더하고, 월계수 잎은 건져서 버린다. 필링을 베이킹 팬 4개에 고르게 나눠 담는다.

5. 파이 도우를 가로세로 30㎝로 네모나게 민 다음, 각 베이킹 팬을 완전히 덮을 만한 크기로 자른다. 각 팬 위에 도우를 하나씩 씌운다. 달걀물을 브러시에 묻혀 각 도우 위에 바르고 소금을 솔솔 뿌린다. 각 도우 위에 칼집을 내서 오븐에 굽는 동안 증기가 빠져나오게 한다. 25~30분간 또는 파이 윗부분이 진한 황금색을 띠고 필링이 보글보글 끓을 때까지 오븐에 구워서 꺼낸다.

로스트 치킨 포트 파이

그릴이 없거나 날이 추워서 밖에서 요리하기 어렵다면, 190도로 예열한 오븐에서 45~55분간 또는 찔렀을 때 맑은 육수가 흐를 때까지 닭을 구우면 된다. 오븐 조리 시간이 30분 정도 남았을 때 옥수수를 껍질 채로 넣어 같이 굽는다.

응용 레시피

가을 채소 포트 파이: 옆 페이지의 레시피에서 그릴에 구운 닭고기와 옥수수, 펜넬, 타임을 뺀다. 대신 껍질을 벗기고 깍둑썬 파스닙(설탕 당근) ½컵과 다진 로즈마리 1테이블스푼을 양파와 함께 넣는다. 그리고 깍둑썬 땅콩 호박 2컵, 고구마 2컵, 펌킨 1컵을 감자에 더한다. 치킨 스톡 대신 채소 스톡을 사용한다.

오렌지 쿠키 크럼 크러스트

쿠키 크럼(cookie-crumb) 크러스트는 엄밀하게 도우라고 할 수는 없지만, 파이를 이야기할 때 절대 빼놓을 수 없다. 부순 쿠키, 버터, 설탕, 소금을 섞어 쉽게 만들 수 있고, 무엇보다 맛있으니까. 통밀로 만든 그레이엄 크래커(시판 제품—옮긴이)나 비스킷 종류의 마른 쿠키를 곱게 갈아서 사용하면 된다. 여기서는 스위트크러스트 도우(88페이지 참조)로 만드는 2가지 버전의 쿠키 크럼 크러스트를 소개하겠다. 스위트크러스트 도우로는 레몬 머랭 파이, 초콜릿 푸딩 파이, 크림 파이, 커스터드 파이 등을 만들 수 있다.

산출량: 680g

준비 시간: 10분

굽는 시간: 25분

파트 슈크레 오렌지 쿠키 450g [89페이지 참조]

그래뉴당 230g

녹인 무염버터 110g

소금 ½티스푼

1. 오븐을 190도로 예열한다. 쿠키를 푸드 프로세서에 넣어 퓨레 상태가 되도록 아주 곱게 분쇄한다. 쿠키 분말과 그래뉴당, 녹인 버터, 소금을 큰 볼에 담고 스푼이나 손을 이용해 섞는다. 혼합물은 약간 드라이하고 푸석한 상태일 것이다.

2. 1을 파이 접시에 넣고 바닥과 옆부분을 꾹꾹 누른다. 20~25분 동안 또는 크러스트의 끝이 갈색을 띠기 시작하고 완전히 굳을 때까지 굽는다. 크러스트를 완전히 식힌 후 필링을 담아 낸다.

응용 레시피

초콜릿 쿠키 크럼 크러스트: 위의 레시피에서 '파트 슈크레 오렌지 쿠키' 대신에 '파트 슈크레 초콜릿 쿠키'를 넣으면 된다(89페이지 참조).

TIP 쿠키 크럼 크러스트로 미니 파이를 만들 수도 있다. 쿠키 크럼을 미니 파이 팬 4개(지름 15cm 크기)에 고르게 나눠 담은 뒤 오븐에 구우면 된다.

보관하기

이 쿠키 크럼 크러스트는 만드는 즉시 오븐에 구워야 한다. 커스터드나 무스와 같이 차가운 필링을 넣으려면 크러스트를 미리 완전히 식혀두어야 한다

오렌지 크림시클 파이

1:5

THE RECIPE 크림시클(아이스크림 제품의 일종—옮긴이)은 어린 시절 내가 즐겨 먹던 디저트 중 하나다. 이 레시피에서는, 어린 시절 즐겨 먹던 간식을 쿠키 크럼 크러스트를 이용해 파이로 변신시켰다. 진정한 의미의 페이스트리 도우는 아니지만 이런 맛을 위해서라면 원칙을 조금 깨도 괜찮지 않을까?

THE RATIO 이 레시피에서는 도우와 필링의 비율이 1:5이다.

산출량: 미니 파이 4개 [지름 15㎝]

준비 시간: 3시간

굽는 시간: 없음

오렌지 쿠키 크럼 크러스트 680g [옆 페이지 참조, 지름 15㎝ 파이 팬 4개에 나누어 구운 뒤 완전히 식혀서 준비]

오렌지 껍질 2컵 [오렌지 6개 분량]

우유 1.8L

바닐라 빈 1줄기

옥수수 전분 85g

그래뉴당 340g

소금 1티스푼

달걀 4개

오렌지 제스트 1테이블스푼

차가운 바닐라 휘핑크림 1.2L [69페이지 참조]

1. 중간 냄비에 오렌지 껍질을 넣고 잠길 만큼의 찬물을 부은 뒤, 끓을 때까지 강불로 가열한다. 끓기 시작하면 바로 불을 끄고 체에 밭친 뒤 물은 버린다. 이 과정을 3회 반복하여 껍질의 쓴맛을 뺀다. 키친타올로 눌러 물기를 제거한다.

2. 오렌지 껍질과 우유를 중간 냄비에 담는다. 바닐라 빈을 길이로 반 가른다. 과도의 칼끝을 이용해 콩깍지에서 씨를 빼낸다. 씨와 깍지를 모두 냄비에 넣는다. 우유 표면에 얇은 막이 생길 때까지(클립 달린 식품 온도계로 80도) 중불로 가열한다. 김이 나고 살짝 거품이 생기면 불을 끄고, 향이 우러나도록 1시간쯤 뚜껑을 덮어 그대로 둔다.

3. 오렌지 껍질과 바닐라 빈 깍지를 건져낸다. 우유 표면에 다시 얇은 막이 생길 때까지 중불로 가열한다. 우유를 데울 동안 달걀, 옥수수 전분, 설탕, 소금, 오렌지 제스트를 큰 볼에 담아 섞어둔다. 우유 표면에 얇은 막이 생기면, 볼에 담긴 달걀 혼합물에 우유의 ⅓을 넣고 계속 저어준다. 달걀 혼합물을 다시 냄비에 붓는다. 우유가 끓고 걸쭉해질 때까지 계속 저으며 중불로 가열한다. 계속 저으며 30초 동안 더 두었다가 완전히 식힌다.

4. 만들어진 오렌지 크림으로 파이 크러스트를 채운다. 파이 위에 휘핑크림을 스푼으로 떠서 얹거나 파이핑한다.

파이핑

각각의 파이에 다른 패턴의 파이핑으로 독특한 모양을 만들어보자(옆 페이지 참조). 4개의 짤주머니에 각기 다른 깍지를 끼운다. 휘핑크림을 봉지에 채우고, 봉지의 윗부분을 비틀어 닫는다. 비튼 부분을 주로 쓰는 손(오른손잡이는 오른손)의 엄지와 검지 사이에 끼우고, 다른 손으로 깍지를 잡고 움직인다. 깍지가 파이 윗부분에서 2.5㎝ 위에 오도록 직각으로 세운다. 이 상태에서 주로 쓰는 손으로 재빨리 크림을 짜서 작은 공 모양의 프로스팅을 올린다. 짠 뒤에는 즉시 깍지를 들어올린다. 파이가 다 덮일 때까지 이 과정을 반복한다.

바닐라 휘핑크림

아주 차가운 헤비 크림 2컵을 믹서에 넣고 뾰족한 봉우리가 생길 때까지 고속으로 휘핑한다. 중간 속도로 바꾸고 설탕 55g을 더한다. 속도를 다시 높여 뾰족한 봉우리가 생기도록 한다. 바닐라 추출액 ½티스푼을 더하고 잘 어우러질 때까지 몇 초 간 더 휘핑한다. 사용할 때까지 냉장 보관한다. 산출량은 1.2L.

응용 레시피

바나나 브륄레 파이: 휘핑크림을 뺀다. 파이 위에 어슷하게 슬라이스한 바나나 조각을 올린다. 각 파이에 백설탕 30g씩을 솔솔 뿌린다. 주방용 토치로 설탕을 캐러멜화 한다.

밀크 초콜릿 무스 파이: 크러스트를 초콜릿 쿠키 크럼블 크러스트(66페이지 참조)로 대체한다. 오렌지 크림을 밀크 초콜릿 무스(아래 레시피 참조)로 대체한다.

밀크 초콜릿 무스

헤비 크림 1컵, 바닐라 추출액 ½티스푼을 믹서에 넣고 뾰족한 봉우리가 생길 때까지 고속에서 휘핑한 후, 냉장 보관한다. 꿀 45g을 끓을 때까지 가열한다. 꿀을 끓이는 동안, 달걀노른자 2개를 걸쭉하고 띠가 형성될 정도로 휘젓는다. 달걀노른자에 따뜻한 꿀을 더하고, 달걀 혼합물이 걸쭉해질 때까지 휘핑한다. 다크 초콜릿 170g을 볼에 넣고, 큰 냄비에 중탕하여 녹인다. 달걀 혼합물에 초콜릿을 넣어 잘 어우러질 때까지 휘핑한다. 냉장해 놓은 휘핑크림에 접듯이 섞어 넣는다. 산출량은 약 1.2L

SHORTCRUST DOUGH

쇼트크러스트는 팽창제는 물론 감미료도 사용하지 않는 도우이며 주로 타르트, 파이, 쿠키를 만들 때 쓰인다. 이 도우는 프랑스어로 파트 브리제(pâte brisée, 깨진 도우), 파트 아 퐁세(pâte à foncer, 어두운 색깔의 도우), 파트 사블레(pâte sablée, 모래 같은 도우) 등의 다양한 이름으로 불린다. 파이 도우는 차가운 버터에서 식감이 결정되는 반면, 쇼트크러스트 도우는 상온의 버터를 사용하기 때문에 버터가 도우에 완전히 녹아들어 잘 부서지는 식감을 갖는다. 도우의 비율은 8플라워 : 4½지방 : 1¾달걀 이다.

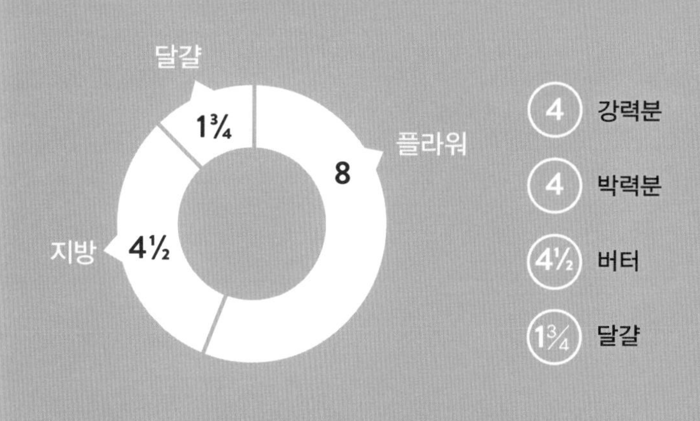

이 도우로 만들 수 있는 것들:

스위트 타르트
세이버리 타르트
타르틀렛
미니 타르트 컵
팝 타르트
쿠키

쇼트크러스트 도우

산출량: 450g	준비 시간: 20분	굽는 시간: 40분

④ 강력분 110g
④ 박력분 110g
소금 ½티스푼
4⅓ 상온에 둔 무염버터 125g
1¾ 달걀 1개

도우 반죽하기

쇼트크러스트 도우 반죽은 손으로도 스탠드 믹서로도 할 수 있다.

손으로 반죽할 때

1. 큰 볼에 밀가루와 소금을 담아 섞어둔다. 버터를 가로세로 1.3㎝ 크기로 깍둑썰기해 볼에 넣은 후, 손가락을 이용해 버터 알갱이가 모래알 정도가 되도록 으깬다. 달걀을 더하고 도우가 막 뭉쳐지기 시작할 때까지 스푼으로 젓는다. 큰 덩어리와 작은 덩어리들이 만들어질 것이다.

2. 밀가루를 살짝 뿌린 조리대 위에 도우를 올린다. 모양이 잡힐 때까지 몇 번 가볍게 치댄 다음, 도우를 2.5㎝ 두께의 원반형으로 만든다. 유산지에 꼭꼭 싸서 냉장고에 넣고 1시간쯤 두어 단단해지도록 한다.

스탠드 믹서로 반죽할 때

1. 믹서의 큰 볼에 밀가루와 소금을 넣고, 혼합기 후크를 끼워 저속으로 섞는다. 버터를 가로세로 1.3㎝ 크기로 깍둑썰기하여 밀가루 혼합물에 더한다. 버터가 으깨져 작은 알갱이가 되고 혼합물이 거친 모래처럼 될 때까지 중저속으로 돌린다. 달걀을 더하고 도우가 겨우 뭉쳐지기 시작할 때까지 같은 속도로 돌린다. 큰 덩어리 몇 개가 만들어질 것이다.

2. 밀가루를 살짝 뿌린 조리대 위에 도우 덩어리들을 올려 함께 눌러준다. 모양이 잡힐 때까지 가볍게 치댄다. 도우를 2.5㎝ 두께의 원반형으로 만든다. 유산지에 꼭꼭 싸서 냉장고에 넣고 1시간쯤 두어 단단해지도록 한다.

보관하기

쇼트크러스트 도우는 유산지에 잘 싸서 보관해야 한다. 냉장 보관은 4일, 냉동 보관은 1개월이다. 구운 쇼트크러스트는 밀폐용기에 넣은 상태에서 상온에서 3일간 보관할 수 있다.

쇼트크러스트 도우의 조건

- **도우:** 쇼트크러스트 도우는 매끄럽고 아주 말랑말랑해 다루기가 쉬워야 한다. 또한 버터 입자가 간혹 보일 수는 있지만 만져지지는 않아야 한다. 도우를 밀 때는 너무 쉽게 찢어지거나 부서지지 않도록 한다.
- **페이스트리:** 베이킹이 끝난 쇼트크러스트는 단단하면서 쉽게 부서지고 조각이 나야 한다.

블라인드 베이킹

파이 크러스트는 필링으로 속을 채운 뒤 굽는다. 하지만 쇼트크러스트와 스위트크러스트 도우는 필링을 채우기 전 준비 단계에서 '블라인드 베이킹'이라 불리는 과정을 거쳐야 한다. 굽는 동안에 크러스트가 형태를 유지하도록, 마른 콩이나 파이 웨이트(pie weight)를 도우에 담아 굽는 것이다. 구워진 크러스트를 완전히 식힌 후에 준비된 혹은 차가운 필링으로 채우면 된다. 뒤 페이지에 그림으로 설명되어 있다

쇼트크러스트 도우 다루기

쇼트크러스트는 지방 함량이 높고 달걀을 넣었기 때문에 매우 말랑말랑하다. 냉장고에 두면 단단해져서 밀기 쉽고, 글루텐이 형성될 충분한 시간을 제공해 도우를 다루기도 수월하다. 반죽한 도우를 원하는 결과물의 형태와 가능한 한 비슷하게 만들어 냉장고에 넣는다. 납작하게 만들수록 (2.5㎝ 두께에 가까울수록) 나중에 미는 시간이 단축되고, 냉장고에 넣어두는 시간도 줄일 수 있다.

쇼트크러스트 도우를 다룰 땐 차가운 대리석 슬랩을 사용하는 것이 이상적이다. 도우를 다루는 동안 차가움을 유지해줄 뿐 아니라 도우가 달라붙는 것도 막아준다. 도우를 밀기 전 대리석 슬랩을 냉동실에 30분 정도 넣어두면 된다.

재빨리 밀지 않으면 도우가 너무 말랑해져 표면에 달라붙을 수 있으니 주의하자. 도우를 수시로 돌리거나 조심스레 뒤집는 것이 달라붙지 않게 하는 요령이다. 조리대에 밀가루를 살짝 뿌리거나 밀대에 묻히면 도움이 되지만, 최소량만 사용하도록 한다.

블라인드 베이킹

1

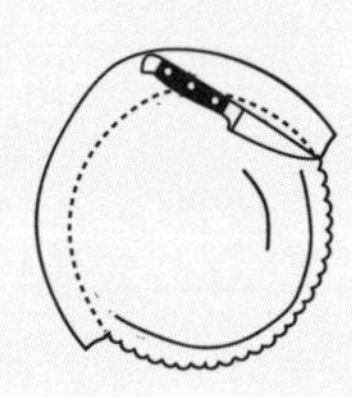

도우를 타르트 팬에 눌러 넣고, 남는 부분을 칼로 잘라낸다.

2

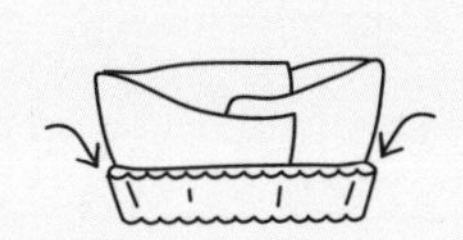

쿠킹호일로 크러스트 표면을 덮고 자리가 잡히도록 눌러준다. 여분의 호일이 크러스트 위쪽으로 올라오도록 한다.

3

쿠킹호일로 덮은 크러스트 위에 파이 웨이트나 말린 콩(강낭콩 등)을 채운다.

4

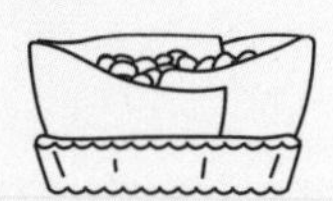

레시피에 따라 블라인드 베이킹을 하거나(12~18분), 가장자리가 살짝 갈색을 띨 때까지 굽는다.

5

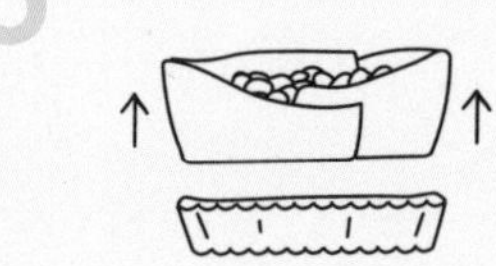

크러스트에서 쿠킹호일과 함께 파이 웨이트나 말린 콩을 꺼낸다.

6

포크로 크러스트 바닥에 구멍을 낸다.

7

12–18 min

크러스트에 아무것도 덮지 않은 채, 레시피에 따라 굽거나 타르트의 중앙이 연한 황금빛을 띨 때까지 굽는다.

SHORTCRUST DOUGH RECIPES

쇼트크러스트 도우 레시피

딸기 베이크웰 타르트

THE RECIPE 영국의 전통 디저트인 베이크웰 타르트를 처음 맛본 것은 레베카 메이슨이 운영하던 '플러프 베이크 바'라는 페이스트리 샵에서 일할 때였다. 케이크로 채워진 타르트와 포도 젤리를 채운 타르트였다. 한 입 베어 먹기도 전에, 나는 그것을 좋아하게 될 것을 직감했다. 여기서는 시나몬으로 맛을 낸 촉촉한 레몬 아몬드 케이크 아래에 딸기잼을 깔아주었다.

THE RATIO 이 디저트는 쇼트크러스트보다 필링이 많이 들어간다. 도우와 토핑의 비율은 1:2이다.

1. 오븐을 190도로 예열한다. 밀가루를 살짝 뿌린 조리대에 쇼트크러스트 도우를 올리고 밀대로 밀어 30㎝ 크기의 정사각형을 만든다. 밑이 분리되는 형태의 23㎝ 정사각형 타르트 팬에 도우를 옮겨 담고, 위로 삐져나온 도우를 옆으로 접어 넣거나 칼로 잘라낸다. 쿠킹호일을 덮고 그 위에 파이 웨이트나 말린 콩을 채운다. 10~12분 동안, 혹은 옆의 도우가 자리를 잡을 때까지 블라인드 베이킹한다. 크러스트에서 호일과 함께 파이 웨이트 혹은 말린 콩을 꺼낸다. 포크로 크러스트 바닥에 구멍을 낸 뒤 12~15분 동안, 또는 크러스트가 연한 황금빛을 띨 때까지 굽는다. 만들어진 타르트 셸을 팬에 둔 채 한쪽에 두어 식힌다.

2. 오븐 온도를 160도로 내린다. 그동안 케이크 반죽(batter)을 준비한다. 큰 볼에 밀가루, 베이킹파우더, 시나몬, 레몬 제스트, 소금을 담아 섞어둔다. 혼합기 후크를 끼운 스탠드 믹서의 볼에 버터와 설탕을 넣고 가볍고 폭신한 크림이 될 때까지 중간 속도로 돌린다. 달걀을 1개씩 잘 섞어가며 모두 넣는다. 바닐라 추출액을 더한다. 여기에 밀가루 혼합물의 반 분량을 넣어 어우러질 때까지 저속으로 돌린다. 우유와 나머지 밀가루 혼합물을 더해 다시 잘 섞는다. 반죽이 볼 위로 올라오면 주걱으로 내려준다.

3. 식은 크러스트 위에 딸기잼을 고르게 펴 바르고, 그 위에 케이크 반죽을 붓는다. 가장자리까지 고르게 살살 펴서 빈 공간이 없도록 잘 메꾼다.

4. 타르트를 오븐의 중간 칸에서 35~40분 동안, 또는 케이크가 굳어 흔들림이 없을 때까지 굽는다. 완전히 식힌 후에 낸다

산출량: 정사각형 타르트 1개 [23㎝]

준비 시간: 2시간

굽는 시간: 40분

준비된 쇼트크러스트 도우 450g [72페이지 참조]

아몬드 가루 55g

강력분 110g

베이킹 파우더 2티스푼

빻은 시나몬 1티스푼

레몬 제스트 2테이블스푼

소금 ½티스푼

상온에 둔 무염버터 110g

그래뉴당 170g

달걀 3개

바닐라 추출물 1티스푼

우유 ¼컵

홈메이드 딸기잼 230g [오른쪽 레시피 참조]

홈메이드 딸기잼

신선한 딸기 170g, 그래뉴당 170g, 레몬즙 1테이블스푼을 바닥이 두꺼운 냄비에 넣고 강불로 가열한다. 냄비에 넣을 수 있는 블렌더로 갈아준다(재료를 미리 간 다음에 조리해도 된다). 재료가 끓기 시작하면, 걸쭉하고 잼의 느낌이 날 때까지 10분 정도 중강불로 더 끓인다. 농도를 측정하려면 잼을 접시에 조금 덜어 냉동실에 2분 동안 넣었다가 꺼내서 상온으로 식힌다. 이때 되직하면 잼이 완성된 것이고, 물기가 많다면 다시 중강불에서 2분 정도 더 가열해 걸쭉하게 만든다. 완전히 식힌 후 사용한다. 산출량은 230g.

크렘 프레슈를 곁들인 포도잼 타르틀렛

2:3

THE RECIPE 베이크 웰 타르트에 딸기잼을 넣는 것을 좋아하지만(76페이지) 포도잼을 넣은 것 또한 맛있다. 포도잼의 진한 향과 달콤함은 그냥 먹어도 맛있지만 다른 재료와 매치해도 잘 어울린다. 이 레시피는 레몬과 소금을 가미한 크렘 프레슈(crème fraiche)가 포도의 단맛을 중화하고, 크러스트의 풍부한 버터 맛이 독특한 식감과 풍미를 더한다.

THE RATIO 이 레시피는 타르트 쉘에 얼마나 많은 필링을 채울 수 있는지를 보여주는 또 하나의 사례다. 도우와 필링의 비율은 2:3이다.

산출량: 타르트렛 4개 [지름 15㎝]

준비 시간: 1시간

굽는 시간: 30분

준비된 쇼트크러스트 도우 450g [72페이지 참조]

포도잼 450g [오른쪽 참조]

크렘 프레슈 1컵 [오른쪽 참조]

레몬 제스트 1티스푼

소금 1티스푼

1. 오븐을 190도로 예열한다. 밀가루를 살짝 뿌린 조리대에 쇼트크러스트 도우를 올리고 밀대로 0.3㎝ 두께가 되도록 민다. 쿠키 커터를 이용해 지름 15㎝ 크기의 동그라미 3개를 찍어낸 뒤 한쪽에 둔다. 자투리 도우를 모아 다시 민 뒤, 4개째의 동그라미를 찍어낸다.

2. 각 도우를 밑이 분리되는 형태의 지름 10㎝ 타르트 팬 4개로 옮긴다. 남는 도우를 팬 안으로 집어넣어 옆을 두껍게 하거나, 칼로 잘라내어 위를 평평하게 만든다. 도우 위를 쿠킹호일로 덮고 파이 웨이트나 말린 콩으로 채운다. 10~12분 동안 블라인드 베이킹하거나(73~74페이지) 옆이 고정될 때까지 굽는다. 쿠킹호일과 함께 파이 웨이트 혹은 말린 콩을 꺼낸다. 포크로 크러스트 바닥에 구멍을 낸 뒤 12~15분간, 또는 크러스트가 연한 황금빛을 띨 때까지 굽는다. 한쪽에 두어 완전히 식으면, 팬에서 타르트 셸을 꺼낸다.

3. 타르틀렛 세팅하기: 포도잼을 채우고 크렘 프레슈를 한 덩이씩 올린다. 레몬 제스트와 소금을 솔솔 뿌려서 낸다.

응용 레시피

토치 바닐라 타르틀렛: 각 타르트 셸에 바닐라 빈 페이스트리 크림(148페이지 참조)을 채운다. 타르틀렛 하나에 그래뉴당 15g씩을 솔솔 뿌린다. 주방용 프로판 토치를 이용하거나 오븐을 브로일러로 세팅해서, 설탕이 캐러멜화 되고 단단해질 때까지 가열한다. 바로 낸다.

포도잼

껍질째 반쪽 낸 검은 포도 450g을 블렌더에 넣고 완전히 퓨레가 될 때까지 고속으로 간다. 바닥이 두꺼운 큰 냄비에 포도 간 것을 넣고 그래뉴당 230g과 레몬즙 1테이블스푼을 더한다. 뚜껑을 덮고 중불로 가열한다. 끓기 시작해서 25~35분 후, 또는 스푼을 넣었다 뺐을 때 스푼을 감쌀 정도의 농도가 될 때까지 졸인다. 완전히 식힌 후 유리병에 담아 냉장 보관한다. 산출량은 450g.

크렘 프레슈

작은 볼에 레몬즙 1테이블스푼과 헤비 크림 1컵을 넣는다. 뚜껑을 덮어서 상온에서 24시간 동안 두되, 8~12시간 지났을 때 한 번 저어준다. 산출량은 230g.

체리를 올린 우롱차 타르틀렛

THE RECIPE 나는 차를 즐겨 마실 뿐 아니라, 요리에 넣었을 때의 독특한 풍미를 좋아한다. 이 레시피에서는 블랙 티를 우려내 만든 커스터드와 레몬 휘핑크림, 새콤한 체리 그리고 달콤한 꿀을 매치했다. 모닝 티를 정말 맛있게 만들 수 있기를 바랄 뿐이다.

THE RATIO 이 레시피에서는 도우와 필링의 비율이 1:3이다.

산출량: 미니 타르트 8개 [지름 5㎝]

준비 시간: 2시간

굽는 시간: 30분

준비된 쇼트크러스트 도우 450g

우롱차 페이스트리 크림 600㎖ [아래 레시피 참조]

레몬향 휘핑크림 600㎖ [오른쪽 레시피 참조]

다크 체리 16개

꿀 15g [혹은 2티스푼]

1. 오븐을 190도로 예열한다. 밀가루를 살짝 뿌린 조리대에 쇼트크러스트 도우를 올리고 밀대로 0.3㎝ 두께가 되도록 민다. 쿠키 커터를 이용해 지름 10㎝ 크기의 동그라미 8개를 찍어낸다. 밑이 분리되는 형태의 지름 5㎝ 타르트 팬에 도우를 옮긴다. 남는 도우는 팬 안으로 접어 넣거나 잘라낸다.

2. 도우 위를 쿠킹호일로 덮고 파이 웨이트나 말린 콩으로 채운다. 10~12분 동안, 또는 도우 옆이 자리를 잡을 때까지 블라인드 베이킹(73~74페이지 참조)한다. 호일과 파이 웨이트 혹은 말린 콩을 꺼낸다. 포크로 크러스트 바닥에 구멍을 낸 뒤 12~15분 동안, 또는 크러스트가 연한 황금빛을 띨 때까지 굽는다. 완전히 식으면 타르트 셸을 팬에서 꺼낸다.

3. 타르트 셸에 페이스트리 크림을 채운다. 휘핑크림과 체리 2개씩을 올리고, 꿀을 휘리릭 뿌려 낸다.

우롱차 페이스트리 크림

우유 2컵을 중간 크기의 냄비에 붓는다. 바닐라 빈을 반으로 가르고 과도 끝을 이용해 콩깍지의 씨를 긁어낸 다음, 씨와 콩깍지 모두 우유에 넣는다. 우롱차 잎 15g을 거즈에 싸서 우유에 넣는다. 우유 표면에 얇은 막이 생길 때까지(클립 달린 식품온도계로 재었을 때 180도) 중강불에서 가열한다. 불에서 내려 뚜껑을 덮은 채로 최소 20분 둔다. 콩깍지와 찻잎을 건져낸다. 다시 표면에 얇은 막이 생길 때까지 우유를 중불에서 가열한다.

우유를 끓이는 동안 달걀 1개, 옥수수 전분 15g, 그래뉴당 55g, 소금 ¼티스푼을 큰 볼에 담아 섞어둔다. 이 달걀 혼합물에 뜨거운 우유의 ⅓ 분량을 서서히 부으면서 계속 휘젓는다. 이를 냄비의 우유에 다시 붓고 중불로 가열한다. 계속 휘저으며 페이스트리 크림이 끓을 때까지 가열한다. 끓으면 30초 정도 더 저어준다. 불에서 내려 무염버터 55g을 넣어 젓는다. 유산지로 덮고 냉장고에서 1시간 정도 두어 완전히 식힌다. 산출량은 약 600㎖.

레몬향 휘핑크림

레몬 껍질 30g(레몬 약 1개 분량)을 작은 냄비에 넣고 껍질이 잠길 만큼 찬물을 붓는다. 끓을 때까지 가열한다. 껍질은 체에 밭치고 물은 버린다. 다시 찬물을 채워 끓이고 버리기를 3회 반복한다. 키친타올로 눌러 레몬 껍질의 물기를 완전히 제거한다.

헤비 크림 ½컵과 레몬 껍질을 작은 냄비에 넣는다. 우유 표면에 얇은 막이 생길 때까지(클립 달린 식품 온도계로 80도) 중강불로 가열한다. 불에서 내려 뚜껑을 덮은 채 최소 20분 둔다. 상온까지 식으면 냉장고로 옮겨서 1시간 정도 두어 완전히 식힌다.

차가워진 크림을 체에 걸러, 스탠드 믹서의 볼에 넣는다. 걸쭉해지기 시작할 때까지 고속으로 돌린다. 그래뉴당 30g을 천천히 부으면서 뾰족한 봉우리가 생길 때까지 계속 돌린다. 완성되면 냉장고에 보관한다. 산출량은 약 600㎖.

홈메이드 팝 타르트

3:1

THE RECIPE 나는 어릴 때부터 거의 집착이라 할 만큼, 팝 타르트를 좋아했다. 집에서 만들기가 좀 성가시긴 하지만 노력한 것 이상의 만족감을 준다. 이 책에 나오는 어떤 종류의 필링도 다 이용할 수 있다. 옆 페이지에 내가 가장 좋아하는 필링 4가지의 레시피를 실었다. 각 레시피는 팝 타르트 9개를 채울 수 있는 분량이다. 레시피 비율은 늘리거나 줄일 수 있다.

THE RATIO 도우와 필링의 비율은 3:1이다. 이 레시피는 소량의 필링과 많은 양의 도우를 사용했을 때, 어떻게 풍미를 살릴지를 알려 준다.

산출량: 팝 타르트 9개

준비 시간: 1시간

굽는 시간: 20분

준비된 쇼트크러스트 도우 900g [72페이지 레시피의 2배 분량]

원하는 필링 230g [옆 페이지의 레시피나 이 책에 나온 다른 필링 레시피 참조]

달걀물 1개 분량

스프링클 아이싱 230g [선택사항, 옆 페이지 참조]

1. 오븐을190도로 예열한다. 쇼트크러스트 도우를 이등분한다. 각 도우를 2.5㎝ 두께의 직사각형으로 만들어 단단해질 때까지 냉장 보관한다. 밀가루를 살짝 뿌린 조리대에 도우를 올리고 0.6㎝ 두께, 24×30㎝의 직사각형으로 민다(이후 나오는 사각형 사이즈는 모두 가로×세로이다—옮긴이).

2. 과도를 사용해 도우의 세로 방향으로 10㎝마다 줄을 긋는다. 가로 방향으로는 8㎝마다 줄을 긋는다. 9개의 직사각형 눈금이 만들어질 것이다. 눈금을 따라 도우를 자른다. 유산지를 깐 베이킹 시트 위에 1.5㎝ 간격으로 9개의 도우를 가지런히 올린다. 이등분해 놓은 다른 도우도 같은 과정을 반복한다.

3. 9개의 직사각형 중앙에 15g씩 필링을 얹되, 가장자리에 돌아가며 1.5㎝의 공간을 남긴다. 달걀물을 브러시에 묻혀 가장자리에 바른 뒤, 나머지 9개의 직사각형으로 각각을 덮는다. 손가락 끝으로 가장자리를 꾹꾹 눌러 붙이고, 포크의 끝으로 다시 눌러 확실히 닫는다. 과도나 페이스트리 커터로 가장자리를 반듯하게 정리한다. 이쑤시개를 이용해 각 타르트 위에 8개의 구멍을 뚫어 굽는 동안 증기가 빠질 수 있도록 한다. 브러시에 달걀물을 묻혀 타르트 위에 바른다.

4. 15~20분 동안, 또는 팝 타르트가 진한 황금빛을 띨 때까지 굽는다. 아이싱을 할 계획이라면 잠시 식게 둔 다음, 스프링클 아이싱으로 장식해서 낸다

보관법과 주의사항

굽지 않은 팝 타르트를 밀폐용기에 넣어 냉동하면 한 달간 보관할 수 있다. 구운 팝 타르트는 밀폐용기에 넣어 상온에 보관하면 4일 동안 즐길 수 있다. 아이싱이 없는 팝 타르트는 토스터로 데워 먹을 수 있는데, 토스터에 넣기 전에 팝 타르트에 혹시 구멍이 나지는 않았는지 확인해야 한다

시나몬 갈색 설탕 필링

연한 갈색설탕 170g, 빻은 시나몬 2티스푼, 중력분 30g, 소금 ¼티스푼을 중간 크기의 볼에 담아 섞는다. 산출량은 230g.

딸기 필링

이 필링은 스프링클 아이싱과 매우 잘 어울린다. 딸기잼(77페이지 참조) 혹은 다른 좋아하는 잼 200g과 옥수수 전분 30g을 잘 어우러질 때까지 섞는다. 산출량은 약 230g.

초콜릿 헤이즐넛 필링

헤이즐넛 85g을 푸드 프로세서에 넣고 아주 곱게 간다. 밀크 초콜릿 85g을 볼에 넣고 물이 끓고 있는 큰 냄비에 넣어 중탕으로 녹인다. 불에서 내려 갈아 놓은 헤이즐넛, 헤비 크림 ¼컵, 소금 ¼티스푼을 넣어 어우러질 때까지 섞는다. 산출량은 약 230g.

스모어 필링

직사각형의 도우 위에 마시멜로 필링(97페이지 참조) 170g을 얹고, 다진 밀크 초콜릿 55g을 올린다. 산출량은 약 230g.

스프링클 아이싱

파우더 슈거 230g, 달걀흰자 ½티스푼, 우유 1테이블스푼, 바닐라 추출물 ½티스푼을 볼에 담아 섞는다. 팝 타르트가 뜨거우면 잠깐 식혀 따뜻한 정도가 되었을 때 아이싱을 올리고, 아이싱이 굳기 전에 칼라 스프링클 1컵을 뿌리면 된다. 아이싱의 산출량은 약 230g.

뿌리채소 스파이럴 타르트

THE RECIPE 눈에 확 들어오는 매력적인 이 타르트를 만들려면 약간의 수고가 필요하지만 새콤달콤한 풍미가 일품인 당근, 파스닙, 루타바가(순무의 일종–옮긴이)의 유혹을 뿌리치긴 힘들다. 얇게 슬라이스한 채소를 회오리 모양으로 겹겹이 배치하면 형태나 식감을 살리면서도 균일하게 구울 수 있다. 크림과 넛맥을 조금 더해 크리미하면서 자극적인 풍미를 즐겨보자.

THE RATIO 이 레시피에서 도우와 필링의 비율은 1:2이다.

산출량: 타르트 1개 [지름 23㎝]

준비 시간: 1시간

굽는 시간: 60분

준비된 쇼트크러스트 도우 450g [72페이지 참조]

당근 450g

파스닙 340g

루타바가 340g

헤비 크림 ½컵

강판에 간 넛맥 1티스푼

올리브 오일 약간(맛내기용)

소금, 후추 약간(맛내기용)

1. 오븐을 190도로 예열한다. 밀가루를 살짝 뿌린 조리대에 쇼트크러스트 도우를 올린다. 밀대로 지름 30㎝, 두께 0.3㎝가 되도록 동그랗게 민다. 밑이 분리되는 형태의 지름 23㎝ 둥근 타르트 팬에 도우를 눌러 넣는다. 남는 도우를 옆으로 접어 넣거나 과도로 잘라낸다. 도우 위를 쿠킹호일로 덮고 파이 웨이트나 말린 콩을 채운다. 10~12분 동안, 혹은 도우 옆면이 자리를 잡을 때까지 블라인드 베이킹(73~74페이지 참조)한다. 크러스트에서 호일과 파이 웨이트 혹은 말린 콩을 꺼낸다. 포크로 크러스트 바닥에 구멍을 낸 뒤 12~15분 동안, 또는 크러스트가 연한 황금빛을 띨 때까지 더 굽는다. 타르트 셸을 팬에 둔 채로 한쪽에 두어 식힌다.

2. 잘 드는 칼로 채소의 거친 부분을 모두 다듬은 뒤, 가로세로 2.5㎝의 긴 스틱 모양으로(큰 프렌치 프라이 모양) 썬다. 만도린 채칼이나 잘 드는 식도를 이용해, 각 스틱을 16등분으로 슬라이스한다.

3. 타르트의 가장자리 곡선을 따라, 각 채소의 띠를 번갈아가며 회오리 모양으로 겹겹이 세워 넣는다. 채소끼리 서로 밀착되고 타르트의 옆면에도 밀착되도록 빼곡하게 채운다.

4. 작은 볼에 헤비 크림과 넛맥을 담아 섞은 후 채소 위에 붓는다. 올리브 오일과 소금, 후추를 타르트 위에 흩뿌린다.

5. 오븐의 중간 칸에서 60분, 또는 채소의 윗부분이 갈색을 띠기 시작할 때까지 굽는다. 따뜻할 때 낸다.

SWEETCRUST DOUGH 파트 슈크레(pâte sucrée, 프랑스어로 달콤한 도우라는 뜻)라고도 불리는 스위트크러스트 도우는 쇼트크러스트와 자매지간이라 할 수 있다. 이름에서 알 수 있듯이, 스위트크러스트 도우에는 설탕이 들어가고 버터는 조금 적게 들어간다. 강력분 대비 박력분의 비율이 상대적으로 높기 때문에 쇼트크러스트 도우에 비해 식감이 부드럽다. 두 레시피는 매우 비슷하므로, 서로 대체해도 무방하다. 도우의 비율은 8플라워 : 4설탕 : 4지방 : 1¾달걀 이다.

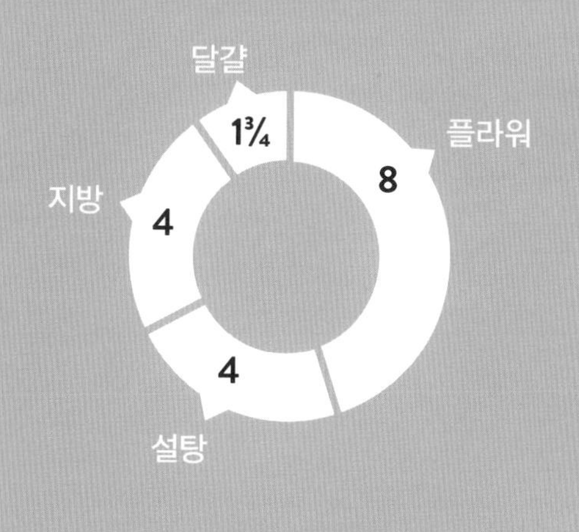

- 6 박력분
- 2 강력분
- 4 설탕
- 4 버터
- 1¾ 달걀

이 도우로 만들 수 있는 것들:

쿠키
타르트
문 파이
크럼 크러스트

스위트크러스트 도우

산출량: 450g	준비 시간: 1시간	굽는 시간: 상황에 따라

⑥ 박력분 170g
② 강력분 55g
④ 그래뉴당 110g
소금 ½티스푼
④ 상온에 둔 무염버터 110g
(1¼) 달걀 1개

도우 반죽하기

스위트크러스트 도우를 반죽할 때는 손으로도 스탠드 믹서로도 할 수 있다.

손으로 반죽할 때

1. 밀가루, 설탕, 소금을 큰 볼에 넣어 섞는다. 여기에 버터를 1.3㎝ 크기로 깍둑썰기하여 더한다. 손가락을 이용해 버터 알갱이가 거친 모래알 느낌이 날 때까지 밀가루 혼합물에 으깨 넣는다. 달걀을 더하고 도우가 뭉쳐지기 시작할 때까지 스푼으로 젓는다. 큰 덩어리 몇 개가 만들어질 수 있다.

2. 밀가루를 살짝 뿌린 조리대 위에 덩어리들을 올리고 함께 눌러준다. 모양이 잡히기 시작할 때까지 가볍게 치댄다. 도우를 2.5㎝ 두께의 원반형으로 만든다. 유산지에 꼭꼭 싸서 냉장고에 넣고 1시간쯤 두어 단단해지도록 한다.

스탠드 믹서로 반죽할 때

1. 밀가루, 설탕, 소금을 스탠드 믹서의 큰 볼에 담고, 혼합기 후크를 끼워 저속으로 돌린다. 버터를 1.3㎝ 크기로 깍둑썰기하여 더한다. 버터가 으깨져 작은 알갱이가 되고 밀가루 혼합물이 거친 질감의 모래처럼 될 때까지 중저속으로 돌린다. 달걀을 더하고 도우가 겨우 뭉쳐지기 시작할 때까지 같은 속도로 돌린다. 큰 덩어리 몇 개가 만들어질 것이다.

2. 밀가루를 살짝 뿌린 조리대 위에 덩어리들을 올리고 함께 눌러준다. 모양이 잡히기 시작할 때까지 가볍게 치댄다. 도우를 2.5㎝ 두께의 원반형으로 만든다. 유산지에 꼭꼭 싸서 냉장고에 넣고 1시간쯤 두어 단단해지도록 한다.

보관하기

스위트크러스트 도우는 쇼트크러스트 도우와 마찬가지로 유산지에 꼭꼭 싸서 보관해야 한다. 냉장 보관은 4일, 냉동 보관은 1개월이다. 구운 도우는 밀폐용기에 넣어 상온에서 4일간 보관할 수 있다.

스위트크러스트 도우의 조건

- **도우:** 스위트크러스트 도우는 매끄러우면서 알갱이가 느껴지고 쉽게 부서져야 한다. 다루기가 매우 쉽지만 따뜻해지면 밀거나 옮기기 어렵다.
- **페이스트리:** 구워진 스위트크러스트는 마르고 잘 부서지며 쇼트크러스트 도우에 비해 단단할 것이다.

스위트크러스트 도우 다루기

스위트크러스트 도우는 쇼트크러스트와 같은 이유로 매우 말랑말랑하다. 설탕을 추가했기 때문에 더 말랑하고 다루기는 조금 더 까다롭다. 73페이지의 쇼트크러스트 도우 다루기를 참조한다. 쇼트크러스트 도우를 밀 때나 팬으로 옮길 때 찢어져도 당황할 필요는 없다. 다시 뭉쳐서 밀거나 여분의 도우로 구멍을 메우면 된다. 스위트크러스트 도우는 매우 말랑하고 유연해서 미는 과정을 생략해도 된다. 반죽이 끝난 도우를 팬 안에서 그냥 눌러줘도 된다는 얘기다. 하지만 여기에 제시된 대로 미는 것이 최선이다.

대리석 슬랩 냉각시키기

스위트크러스트 도우를 밀기에 가장 적합한 조리대는 냉동실에서 30분 정도 냉각시킨 대리석 슬랩이다. 냉각시키면 도우가 표면에 달라붙는 것을 방지할 수 있다.

스위트크러스트 슈거 쿠키 만들기

스위트크러스트 도우는 슈거 쿠키 도우와 흡사하다. 슈거 쿠키 도우는 밀가루가 덜 들어가서 식감이 좀 더 케이크와 비슷하다.

오븐을 190도로 예열한다. 밀가루를 살짝 뿌린 조리대에 준비된 스위트크러스트 도우를 올리고 0.6㎝ 두께로 민다. 지름 5㎝ 크기의 쿠키 커터로 원형으로 찍어낸다. 자투리 도우를 다시 뭉쳐 밀어서 원형을 더 찍어낸다. 유산지를 깐 베이킹 시트에 2.5㎝ 간격을 두고 쿠키를 가지런히 얹는다. 그래뉴당 1티스푼을 각 쿠키 위에 솔솔 뿌리고 10~12분간 굽는다. 식힘망에 옮겨 식힌 후 낸다.

응용 레시피

파트 슈크레 오렌지 쿠키: 오렌지 제스트 1테이블스푼과 오렌지 추출물 1티스푼을 밀가루 혼합물에 첨가한다. 쿠키를 찍어내기 전에 도우를 좀 더 얇게, 0.3㎝ 두께로 민다.

파트 슈크레 초콜릿 쿠키: 박력분 55g 분량을 코코아 파우더 55g으로 대체한다. 쿠키를 찍어내기 전에 도우를 좀 더 얇게, 0.3㎝ 두께로 민다.

SWEETCRUST DOUGH RECIPES

스위트크러스트 도우 레시피

애플 타르트 레이어 케이크

1:3

THE RECIPE 케이크로 변신한 이 타르트에 대한 아이디어는 '모모푸쿠 밀크 바'의 페이스트리 쉐프인 크리스티나 토시의 애플파이 레이어 케이크로부터 얻었다. 내가 만든 버전은 두껍고 부드러운 스위트크러스트 도우가 기본이다. 여기에 카르다몸 디플로맷 크림(페이스트리 크림과 휘핑크림을 섞은 것), 애플 스파이스 파이의 필링, 진저 크럼블 토핑을 조합했다. 내가 가장 좋아하는 디저트 중 하나다.

THE RATIO 이 레시피는 도우에 비해 필링과 토핑의 비율이 아주 높다. 그것이 정석이다. 도우와 필링의 비율은 1:3이다.

산출량: 레이어 케이크 1개 [지름 15㎝]

준비 시간: 3시간

굽는 시간: 18분

준비된 스위트크러스트 도우 900g [88 페이지 레시피의 2배 분량]

카르다몸 디플로맷 크림 1.2L [아래 레시피 참조]

오팔 애플 파이 필링 1.2L [93페이지 참조]

진저 크럼블 450g [93페이지 참조]

1. 오븐 중간 칸에 랙을 놓고 오븐을 190도로 예열한다. 밀가루를 살짝 뿌린 조리대에 스위트크러스트 도우를 올리고 밀대를 이용해 0.6㎝ 두께로 민다. 큰 쿠키 커터(지름 15㎝)로 동그라미 4개를 찍어낸다. 베이킹 시트 2개에 유산지를 깔고 동그라미들을 가지런히 얹는다. 14~18분간, 또는 아직 말랑한 상태이면서 도우에 막 황금빛이 돌기 시작할 때까지 굽는다. 베이킹 시트에 두고 식힌다.

2. 케이크 세팅하기: 구워진 스위트크러스트 한 조각 위에 디플로맷 크림의 ¼ 분량을 바르고 애플파이 필링의 ¼ 분량도 올려준다. 그 위에 스위트크러스트 한 조각을 다시 올린 뒤 크림과 필링을 올리는 과정을 반복한다. 이렇게 층층이 쌓다가, 마지막 층에는 파이 필링에 진저 크럼블을 섞어서 발라준다.

카르다몸 디플로맷 크림

우유 600㎖를 중간 냄비에 붓는다. 바닐라 빈 1개를 길이로 반 가르고 씨를 긁어낸다. 씨와 깍지를 모두 우유에 넣는다. 우유 표면에 얇은 막이 생길 때까지(클립 달린 식품 온도계로 80도) 중강불로 가열한다.
우유가 덥혀지는 동안 달걀 2개, 옥수수 전분 30g, 그래뉴당 110g, 소금 ¼티스푼을 큰 볼에 담아 섞는다. 뜨거운 우유의 ⅓ 분량을 달걀 혼합물에 서서히 부으면서 계속 휘젓는다. 냄비의 우유에 달걀 혼합물을 다시 붓고 중불로 가열한다. 계속 저으며 끓을 때까지 가열한다. 끓으면 30초 정도 더 젓다가 불에서 내린다. 바닐라 빈 콩깍지를 건져낸다. 무염버터 30g과 빻은 카르다몸

½티스푼을 더해 젓는다. 유산지로 덮어 상온이 될 때까지 식힌 후, 냉장고에서 1시간 두어 완전히 식힌다.
냉장고의 페이스트리 크림이 식을 동안, 스탠드 믹서나 핸드 믹서를 이용해 헤비 크림 1컵을 고속으로 휘핑한다. 걸쭉해지기 시작하면 그래뉴당 55g을 조금씩 넣는다. 뾰족한 봉우리가 생길 때까지 휘핑한다. 휘핑된 크림을 페이스트리 크림에 접듯이 섞어 넣는다. 케이크를 세팅할 준비가 될 때까지 냉장 보관한다. 산출량은 1.2L 정도.

오팔 애플 파이 필링

버터 55g을 큰 냄비에 넣고 중약불로 가열한다. 껍질을 벗기고 씨를 뺀, 오팔 애플 1,350g을 잘게 썰어 넣는다. 가끔씩 저으며 10분 동안, 또는 사과가 막 무르기 시작할 때까지 조리한다. 그래뉴당 85g, 연한 갈색설탕 85g, 레몬즙 ½테이블스푼, 빻은 시나몬 1티스푼, 빻은 카르다몸 ½티스푼, 빻은 말린 생강 ¼티스푼, 소금 ¼티스푼을 넣고 젓는다. 불을 세게 하여 자글자글 끓을 때까지 가열한다. 10분 더, 또는 사과가 다 무를 때까지 끓인다. 사과를 체에 밭쳐서, 케이크를 세팅하기 전까지 식도록 둔다. 산출량은 1.2L 정도.

진저 크럼블

오븐 중앙에 랙을 놓고 190도로 예열한다. 그래뉴당 110g, 연한 갈색설탕 110g, 중력분 110g, 빻은 말린 생강 ¼티스푼, 다진 생강 ½티스푼, 소금 ½티스푼을 큰 볼에 담아 섞는다. 차가운 무염버터 55g을 더한다. 손가락을 이용해 버터를 설탕 혼합물에 으깨 넣는다. 혼합물이 서로 잘 뭉칠 것이다. 유산지를 깐 베이킹 시트에 크럼블을 펼친다. 10~12분 동안, 혹은 막 황금빛을 띨 때까지 구운 후 완전히 식힌다. 산출량은 약 450g.

초콜릿 체리 타르트

1:3

THE RECIPE 체리와 초콜릿보다 더 나은 케미를 자랑하는 조합을 찾기는 힘들 것이다. 그 콜라보에 고소한 호두 몇 알과 상큼하고 신선한 레몬 제스트까지 더하면 완벽한 타르트가 탄생한다. 초콜릿은 필링이 아니라 도우에 들어간다. 필요에 따라, 클래식한 도우를 어떻게 변형할 수 있는지를 적절히 보여주는 사례다.

THE RATIO 이 레시피에서는 도우와 필링의 비율이 1:3이다.

산출량: 타르트 1개 [지름 23㎝]

준비 시간: 1시간

굽는 시간: 30분

준비된 스위트크러스트 도우 450g [박력분 55g을 코코아 파우더 55g으로 대체, 88페이지 참조]

체리 필링 900g [63페이지 클래식 체리 핸드 파이 필링 레시피의 2배 분량]

호두 크럼블 450g [아래 레시피 참조]

1. 오븐을 190도로 예열한다. 밀가루를 살짝 뿌린 조리대에 스위트크러스트 도우를 올리고 밀대를 이용해 0.3㎝ 두께의 지름 30㎝ 동그라미로 민다. 도우를 지름 23㎝의 둥근 타르트 팬에 옮겨 담는다. 남는 도우는 옆으로 접어 넣거나, 위로 삐져나온 부분을 칼로 잘라내어 평평하게 만든다. 도우 위를 쿠킹호일로 덮고 그 위를 파이 웨이트나 말린 콩으로 채운다. 10~12분 동안, 혹은 옆의 도우가 자리를 잡을 때까지 블라인드 베이킹(73~74페이지 참조) 한다. 크러스트에서 호일과 함께 파이 웨이트 혹은 말린 콩을 꺼낸다. 포크로 크러스트 바닥에 구멍을 낸 뒤 12~15분 동안 굽는다. 타르트 팬에 둔 채로 한쪽에 두어 식힌다.

2. 크러스트에 필링을 붓고, 그 위에 호두 크럼블을 편다. 30분간 또는 위가 연한 황금빛이 될 때까지 굽는다. 따뜻할 때 낸다.

호두 크럼블

연한 갈색설탕 110g, 그래뉴당 110g, 중력분 30g, 다진 호두 110g, 레몬 제스트 1티스푼, 소금 ¼티스푼을 볼에 담아 섞는다. 차가운 버터 110g을 0.6㎝ 크기로 깍둑썰기한 뒤 손으로 설탕 혼합물에 으깨 넣는다. 혼합물이 손으로 잘 부서질 때까지 계속한다. 산출량은 450g.

응용 레시피

더블 초콜릿 타르트: 체리 필링 대신 초콜릿 페이스트리 크림(149페이지 참조)을 사용하고, 월넛 크럼블 대신 휘핑크림(69페이지)을 올린다.

문 파이

1:2

THE RECIPE 이 레시피는 페이스트리 셰프 레베카 메이슨에게 배웠지만, 그녀는 이 레시피를 또 다른 페이스트리 셰프에게서 전수받았다고 했다(그녀는 다른 많은 페이스트리 레시피도 이런 경우에 해당한다고 말했다). 아마 그 셰프도 또 다른 셰프에게서 영감을 받았을 것이며, 그렇게 역사를 쭉 거슬러 올라갈 수 있다. 이제 당신에게도 자신만의 무언가를 창조할 기회가 왔다.

THE RATIO 마시멜로는 공기처럼 가볍지만 이 문 파이는 초콜릿에 풍덩 빠졌다 나오기 때문에 도우와 필링의 비율이 1:2이다.

산출량: 문 파이 8개 [지름 5㎝]

준비 시간: 1시간

굽는 시간: 30분

아래와 같이 준비된 스위트크러스트 도우 450g [88페이지 참조]

그레햄 가루 55g

통밀가루 55g

마시멜로 필링 450g [오른쪽 레시피 참조]

밀크 초콜릿 230g

포도씨유 2티스푼 [향이 없는 다른 오일도 가능]

1. 88페이지에 제시된 대로 스위트크러스트 도우를 준비하되, 박력분을 55g 줄이고 그레햄 가루 55g과 통밀가루 55g을 넣어준다.

2. 오븐을 190도로 예열한다. 밀가루를 살짝 뿌린 조리대에 준비된 스위트크러스트 도우를 올려 0.6㎝ 두께로 민다. 지름 6㎝ 크기의 쿠키 커터로 쿠키 16개를 찍어낸다. 자투리 도우를 다시 뭉쳐 민 뒤에 쿠키를 더 찍어낸다. 유산지를 깐 베이킹 시트에 쿠키를 가지런히 놓는다. 오븐의 중간 칸에서 8~10분 동안, 또는 황금빛을 띠기 시작할 때까지 굽는다. 베이킹 시트에 쿠키를 그대로 둔 채 식힌다.

3. 또 다른 베이킹 시트에 유산지를 깔고 쿠키의 절반 분량을 아래 면이 위로 가도록 가지런히 놓는다. 짤주머니에 마시멜로 필링을 채운다. 2.5㎝ 높이로 필링을 파이핑하되, 가장자리에 0.3㎝ 정도의 공간을 남긴다. 남은 쿠키는 아래 면이 아래로 향하게 하여 파이핑된 쿠키 위에 얹어 쿠키 샌드위치를 만든다. 위의 쿠키를 살짝 눌러 필링이 쿠키 사이로 살짝 삐져나오도록 한다. 상온에 30분 두었다가 냉동실로 옮겨 30분간 얼린다.

4. 초콜릿을 볼에 담아 물이 끓는 큰 냄비에서 중탕하여 녹인다. 저어가며 오일을 더한다. 전체가 잘 어우러지고 초콜릿이 묽어질 때까지 계속 젓는다. 베이킹 시트 위에 채반을 놓는다. 쿠키 샌드위치를 냉동실에서 꺼내서 하나씩 초콜릿에 담가 전체에 고루 묻힌다.쿠키 아래쪽에 남아도는 초콜릿은 아이싱용 스페튤라를 사용해 훑어낸다. 초콜릿에 담갔던 쿠키를 채반 위로 옮긴다. 다시 냉동실로 옮겨 30분 정도 둔다.

5. 문 파이를 채반에서 떼어낼 때는 채반의 한쪽을 들어올려 살짝 흔들어 바닥으로 떨어지게 한다. 혹은 문 파이와 채반 사이에 작은 아이싱용 스페튤라를 넣어 밀어준다. 바로 내거나 밀폐용기에 보관한다. 4일까지는 냉장 보관이 가능하다.

마시멜로 필링

다른 맛이 가미되지 않은 젤라틴 한 봉지(7g)를 찬물 2테이블스푼과 섞어둔다. 거품기 후크를 끼운 믹서 볼에 달걀흰자 ½컵(달걀 4개 분량)을 넣고, 중저속으로 거품이 많이 생길 때까지 휘핑한다. 달걀흰자를 휘핑하는 동안 그래뉴당 230g과 물 ¼컵을 냄비에 넣고 강불로 끓인다. 클립 달린 식품온도계로 재어 설탕물이 약 110도가 되면 믹서를 고속으로 바꾸고 달걀흰자가 뾰족한 봉우리가 생길 때까지 휘핑한다. 냄비의 설탕물이 120도가 되면 불에서 내리고, 찬물과 섞어놓은 젤라틴을 넣어 녹을 때까지 젓는다. 믹서를 중속으로 바꾸고, 천천히 그리고 조금씩 뜨거운 설탕물을 볼의 안쪽 면에 흘리듯이 붓는다. 설탕물이 거품기 후크에 닿지 않도록 주의한다. 믹서의 속도를 다시 고속으로 올리고 20분간, 또는 달걀 혼합물이 상온 정도로 식고 뾰족한 봉우리가 생길 때까지 휘핑한다. 산출량은 450g.

PÂTE À CHOUX DOUGH

파트 아 슈는 기계적으로 부풀리는 도우인데, 굽는 동안 중앙에 큰 공간이 생긴다. 이 책에서 소개하는 도우 중 가장 특이한 유형이라 할 수 있다. 굽기 전, 스토브에서 조리한 루(밀가루와 버터를 혼합한 소스의 재료를 말한다)에서 시작되기 때문이다. 파트아 슈는 파이핑이 가능한 유일한 도우이며 어떤 경우엔 파이핑을 꼭 해야만 한다. 도우의 비율은 6플라워 : 4지방 : 8리퀴드 : ½설탕 : 7달걀 이다.

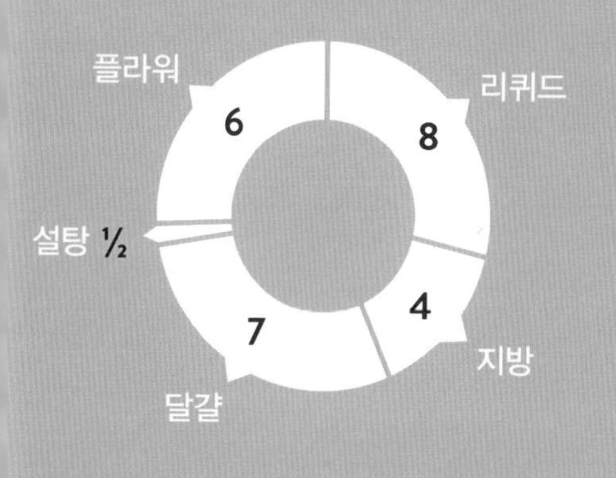

8 물

4 버터

4 강력분

2 박력분

½ 설탕

7 달걀

이 도우로 만들 수 있는 것들:

에클레어

프로피테롤

구제르

뇨키

파트 아 슈 도우

산출량: 450g	**준비 시간**: 30분	**굽는 시간**: 상황에 따라

④ 강력분 55g
② 박력분 55g
½ 그래뉴당 15g
소금 ½티스푼
⑧ 물 1컵
④ 상온에 둔 무염버터 110g
⑦ 달걀 4개

루 만들기

1. 밀가루, 설탕, 소금을 작은 볼에 담아 섞는다.

2. 물과 버터를 중간 냄비에 넣고 버터가 완전히 녹을 때까지 중강불로 가열한다. 그다음 강불로 올려 끓을 때까지 가열한다.

3. 중불로 내리고, 나무 스푼으로 저어가며 1의 밀가루 혼합물을 넣어준다. 혼합물이 공 모양으로 뭉쳐질 때까지 젓는다.

4. 계속 저으면서 스푼 뒷면을 이용해 혼합물의 일부를 냄비 안쪽 옆면에 눌러준다. 1~2분 동안, 또는 도우가 매끄러워질 때까지 가열한다.

도우 반죽하기

파트 아 슈 도우의 반죽은 손으로도 스탠딩 믹서로도 할 수 있다.

손으로 반죽할 때
루를 큰 볼로 옮긴다. 달걀을 한 번에 1~2개씩, 나무 스푼으로 저어가며 잘 섞은 후에 다음번 달걀을 더한다. 마지막 4번째 달걀을 넣을 때까지 도우가 하나로 뭉쳐지지 않을 수 있다. 도우에 탄력이 생기고 윤기가 사라질 때까지 계속 젓는다.

스탠드 믹서로 반죽할 때

반죽기 후크를 끼운 스탠드 믹서의 큰 볼에 루를 넣는다. 믹서를 중속으로 돌리며, 달걀을 1개 또는 2개씩 더한다. 골고루 잘 섞인 후에 다음번 달걀을 넣는다. 도우에 탄력성이 생기고 윤기가 사라질 때까지 계속 돌린다.

보관하기

파트 아 슈 도우는 반죽하여 구운 뒤 바로 사용해야 한다. 필요하다면 구운 후에 밀폐용기에 담아 1주일간 냉동 보관이 가능하다.

파트 아 슈 도우의 조건

- **도우:** 파트 아 슈 도우는 탄력이 있고 건조해 보여야 한다.
- **페이스트리:** 구워놓은 파트 아 슈의 껍질은 바삭바삭하고 단단해야 한다. 속은 약간의 부드러운 도우 부분을 제외하고는 큰 구멍이 뚫려 있어야 한다. 구워진 도우를 반으로 갈라 필링을 채우는 경우에는 부드러운 부분을 미리 제거한다. 파이핑하는 경우에는 필링이 채워지면서 이런 부드러운 부분들을 밀어내므로 문제가 되지 않는다.

파트 아 슈 준비하기

파트 아 슈는 프렌치 쿠킹의 기본인 루에서 출발한다. 밀가루와 버터로 만드는 루는 소스의 기본 재료인데 소스를 걸쭉하게 만들 때도 사용한다. 뭉근히 끓고 있는 물과 버터에 밀가루를 넣고, 버터가 완전히 녹은 다음에 팔팔 끓이면 루가 만들어진다. 루를 잠깐 말리면 페이스트리를 구웠을 때 식감이 매우 좋아진다. 루를 말리려면, 계속 저으면서 스푼의 뒷면을 이용해 도우의 일부를 뜨거운 냄비 안쪽 옆면에 눌러준다. 1~2분 동안 반복한다.
달걀을 섞으면 도우에 탄력이 생기고 굽는 동안 부푸는 효과도 있다. 냄비를 불에서 내린 뒤 달걀을 한 번에 1~2개씩 넣어준다. 대부분의 경우, 마지막 달걀을 넣은 후에야 도우가 하나로 뭉치게 될 것이다. 도우가 볼의 옆면과 스푼(또는 혼합기 후크) 사이에서 탄력 있는 띠를 형성할 때까지 계속 섞어준다.

파트 아 슈 성형하기

이 도우는 가장 무르기 때문에 모양을 잡을 때 특별한 주의를 기울여야 한다. 베녜(beignet)의 경우처럼(111페이지 참조) 기름에 튀길 때는 스쿱이나 스푼으로 떠서 사용할 수 있으나, 가장 흔히 사용하는 방법은 파이핑(102~103페이지 참조)이다.

파트 아 슈 조리법 3가지

굽기

파트 아 슈는 대부분 구워서 사용한다. 구운 파트 아 슈는 껍질은 바삭바삭하고, 속은 텅 빈 채 큰 구멍이 생성되어야 한다. 껍질을 단단하게 만들어 페이스트리의 형태를 유지하게 하려면, 상대적으로 높은 온도에서 장시간 구워야 한다.

튀기기

파트 아 슈를 기름에 튀기면 종잇장처럼 얇고 바삭거리는 껍질에 크고 말랑하고 부드러운 페이스트리가 만들어진다. 브리오슈 도우를 튀길 때와 마찬가지로 높은 온도(180도)에서 장시간(약 8분) 튀겨야 한다. 그래야 겉은 바삭하고 속도 완전히 익힐 수 있다.

삶기

파트 아 슈를 자작한 물에서 삶으면 쫄깃하면서 부드러운 식감의 페이스트리를 만들 수 있다. 도우가 속까지 익어도 부풀지는 않는다. 삶은 후에 굽거나 프라이팬에 구워서 껍질을 바삭하게 만들 수도 있다. 이 방법은 뇨끼를 만들 때 사용한다(113페이지 참조).

파트 아 슈 채우기

튀기거나 구운 파트 아 슈의 속을 채우는 방법엔 2가지가 있다. 반으로 잘라서 필링을 채우거나, 가운데를 파이핑해서 채우고 뚜껑으로 덮는 방법이다. 아니면 길고 가느다란 파이핑 팁을 사용해서 필링을 주사처럼 넣어도 된다. 자세한 설명은 103페이지를 참조한다.

에클레어 파이핑하기

1

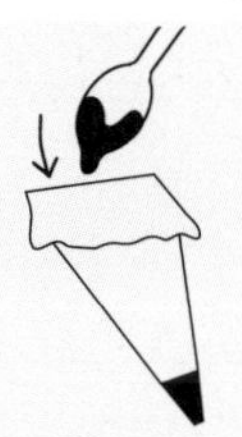

큰 짤주머니에 0.6㎝ 직경의 둥근 깍지(Ateco #802)를 끼운다. 주머니에 도우를 채우고 주머니 끝을 비틀어 닫는다.

2

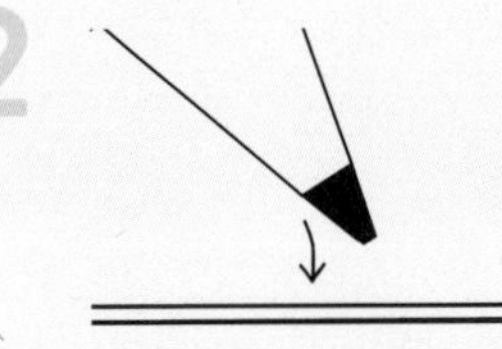

유산지를 깐 베이킹 시트의 약 1.3㎝ 위에서, 깍지를 45도 각도로 갖다 댄다.

3

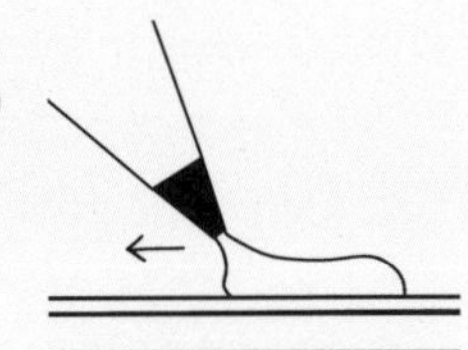

주머니를 일정하고 부드럽게 누르면서, 똑바로 10㎝ 정도 움직인다.

4

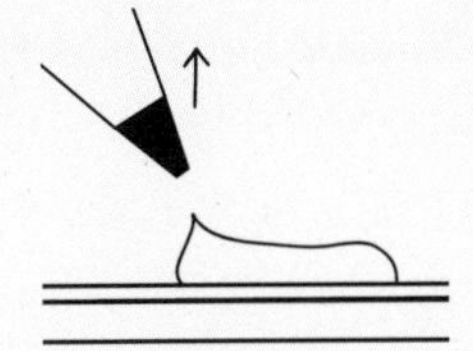

끝에 다다르면 누르는 것을 멈추고 깍지를 재빨리 들어올린다. 끝에 작은 봉우리가 만들어졌을 것이다.

5

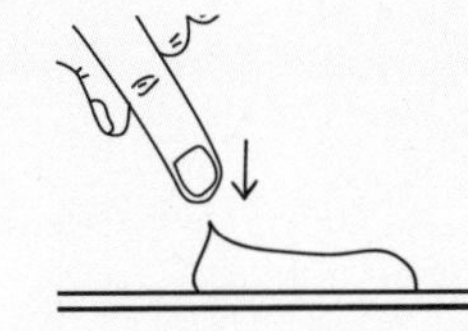

손가락을 물에 잠깐 담갔다가 봉우리 부분을 살짝 눌러 높이를 맞춘다.

프로피테롤과 구제르 파이핑하기

1

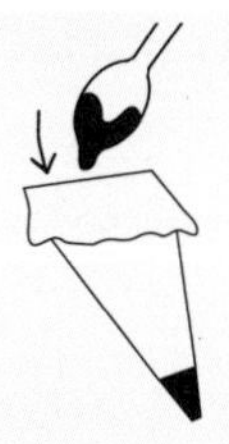

큰 짤주머니에 0.6㎝ 직경의 둥근 깍지를 끼운다. 주머니에 도우를 채우고 끝을 비틀어 닫는다.

2

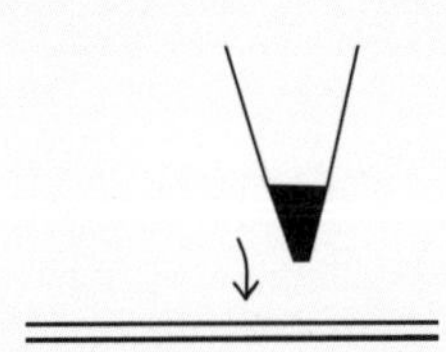

유산지를 깐 베이킹 시트의 1.3㎝ 위에서, 깍지를 90도 각도로 갖다 댄다.

3

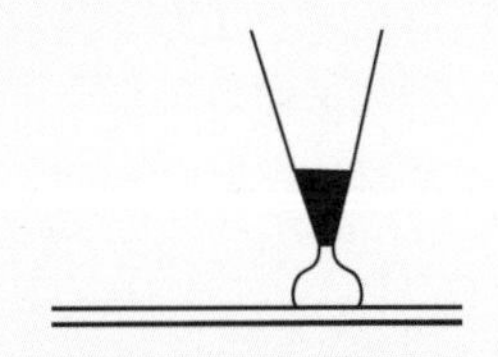

깍지를 그대로 유지하면서, 주머니를 부드럽게 눌러 둥그런 전구 모양을 만든다.

4

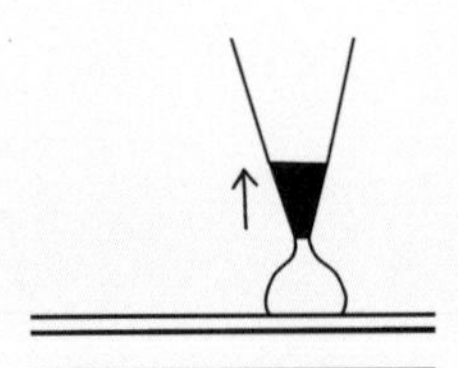

원하는 크기의 전구 모양이 만들어지면, 깍지를 서서히 들어올리기 시작한다.

5

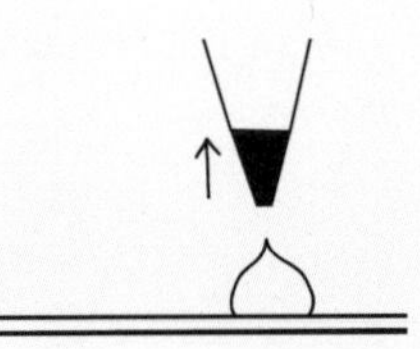

전구 모양의 도우가 원하는 높이가 되면 누르는 것을 멈추고 재빨리 깍지를 들어올린다. 작은 봉우리가 만들어졌을 것이다.

6

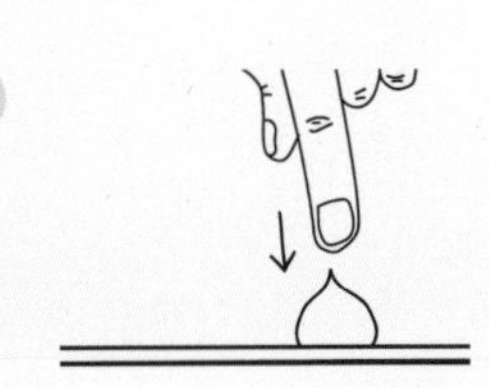

손가락을 물에 잠시 담갔다가 봉우리를 살짝 눌러 높이를 맞춘다.

뇨키 파이핑하기

1

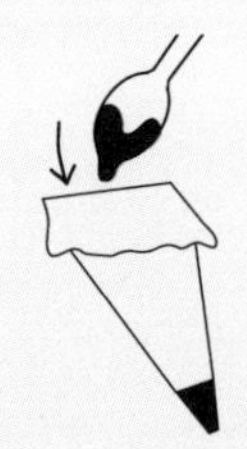

큰 짤주머니에 0.6㎝ 직경의 둥근 깍지를 끼운다. 주머니에 도우를 채우고 끝을 비틀어 닫는다.

2

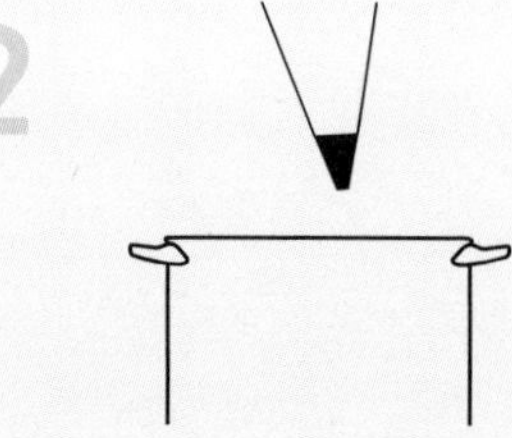

뇨끼를 만들 준비가 되었으면 짤주머니를 끓는 물이 담긴 냄비 위로 가져간다.

3

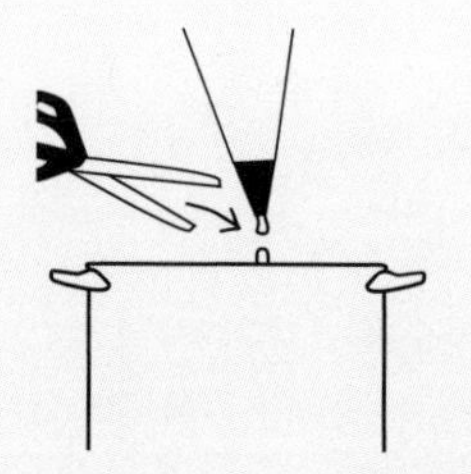

주머니를 누르면서, 가위를 이용해 도우를 1.3㎝ 길이로 잘라준다.

프로피테롤 채우기

1

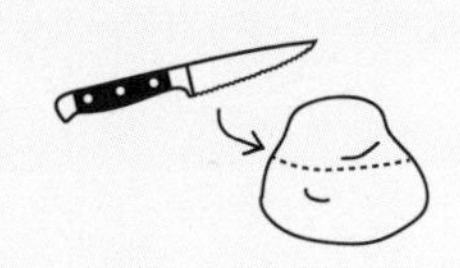

프로피테롤을 가로로 이등분한다.

2

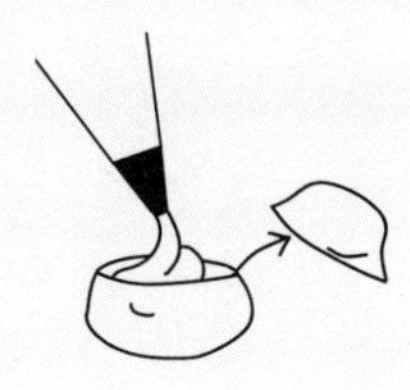

아래 부분에 필링을 채운다.

3

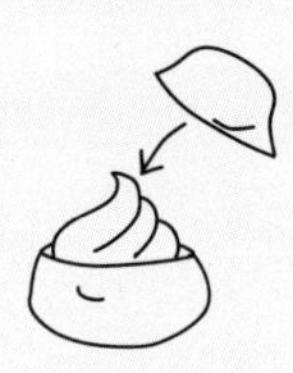

뚜껑을 덮는다.

에클레어 채우기

1

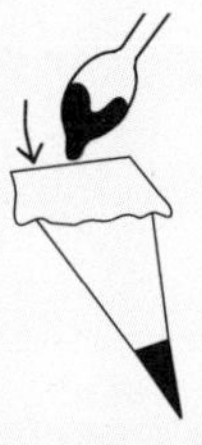

짤주머니에 길고 가느다란 깍지를 끼운다.

2

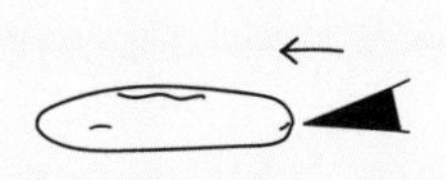

깍지를 에클레어의 한쪽 끝에 넣은 뒤, 주머니를 누르면서 페이스트리를 채운다.

PÂTE À ACHOUX DOUGH RECIPES

파트 아 슈 도우 레시피

솔트 캐러멜 에클레어

THE RECIPE 에클레어는 파트 아 슈로 만든 디저트 중에 가장 중요하고도 대중적인 페이스트리지만, 잘못 만들어서 껍질이 푹 꺼지거나 식감이 질긴 경우가 자주 있다. 제대로 만들면 에클레어의 껍질은 바삭바삭하다. 게다가 지금 소개하는 레시피의 필링은 전통적인 바바리안 크림보다 훨씬 재미있다.

THE RATIO 이 레시피에서 도우와 필링의 비율은 1:4이다.

산출량: 페이스트리 16개

준비 시간: 2시간

굽는 시간: 45분

준비된 파트 아 슈 도우 450g [100페이지 참조]

솔트 캐러멜 페이스트리 크림 230g [107페이지 참조]

캐러멜 소스 ½컵 [아래 레시피 참조]

솔트 캐러멜 팝콘 55g [107페이지 참조]

코셔 소금 1티스푼

1. 오븐을 190도로 예열한다. 유산지를 깐 베이킹 시트 위에, 준비된 파트 아 슈 도우를 5㎝ 간격을 두고 에클레어 모양으로(102페이지 참조) 파이핑한다. 45분간 또는 크러스트가 진한 황금빛을 띠고 만졌을 때 단단한 느낌이 들 때까지 굽는다. 상온이 될 때까지 식힌다.

2. 길고 가느다란 깍지를 끼운 짤주머니에 솔트 캐러멜 페이스트리 크림을 채운다. 에클레어의 한쪽 끝에 1.3㎝ 깊이로 깍지를 찔러 넣는다. 에클레어가 필링으로 꽉 찰 때까지 짤주머니를 부드럽게 누른다. 필링이 에클레어의 다른 쪽 끝으로 살짝 흐르기 시작할 것이다. 이런 식으로 모든 에클레어를 채운다.

3. 각 에클레어 위에 캐러멜 소스를 뿌린다. 솔트 캐러멜 팝콘을 몇 개씩 얹고 코셔 소금을 흩뿌린 뒤 낸다.

캐러멜 소스

바닥이 두꺼운 중간 냄비에 그래뉴당 230g과 물 2테이블스푼을 담아 섞고 강불로 가열한다. 끓기 시작하면 15분 동안, 또는 혼합물이 캐러멜 색을 낼 때까지 더 끓인 후 불에서 내린다. 상온에 둔 헤비 크림 ¾컵을 천천히 더하며 계속 저어준다. 상온에 둔 버터 55g을 다져서 넣고 녹을 때까지 젓는다. 걸쭉해질 때까지 식힌다. 450g 정도(2컵)의 캐러멜이 만들어질 것이다. 페이스트리 크림과 팝콘에 풍미를 더하고 세팅된 에클레어 위에 뿌릴 수 있는 충분한 양이다.

솔트 캐러멜 페이스트리 크림

우유 2컵을 중간 크기의 냄비에 넣는다. 바닐라 빈 1개를 길이로 반 갈라 씨를 긁어내고, 콩깍지와 씨를 모두 우유에 넣는다. 중강불에서 우유의 표면에 얇은 막이 생길 때까지(클립 달린 식품 온도계로 80도) 가열한다.
우유를 가열하는 동안 달걀 2개, 옥수수 전분 30g, 그래뉴당 110g을 큰 볼에 담아 섞는다. 이 달걀 혼합물에 뜨거운 우유의 ⅓ 분량을 서서히 부으면서 계속 젓는다. 냄비의 우유에 달걀 혼합물을 다시 붓고 중불로 가열한다. 계속 저으며 페이스트리 크림이 끓을 때까지 가열하고, 끓으면 몇 초 더 젓다가 불을 끈다.
바닐라 빈 콩깍지를 건져내고, 버터 55g을 더해 잘 어우러질 때까지 젓는다. 상온까지 식도록 두었다가 냉장고에 넣어 완전히 식힌다. 완전히 식은 페이스트리 크림에 캐러멜 소스 230g을 접듯이 섞어 넣는다. 산출량은 450g (2컵).

솔트 캐러멜 팝콘

중간 냄비에 바닥이 다 덮일 정도로 식물성 기름을 붓는다. 팝콘 알갱이 2테이블스푼을 넣고 뚜껑을 닫은 뒤 팝콘이 튀기 시작할 때까지 중강불로 가열한다. 팝콘이 타지 않도록 불 위에서 냄비를 앞뒤로 돌린다. 팝콘이 튀는 간격이 1초 이상으로 벌어지면 냄비를 불에서 내린다. 캐러멜 소스 110g과 소금 1티스푼을 넣어준 뒤, 냄비를 위아래로 흔들어 잘 섞는다. 산출량은 약 2컵.

TIP 다른 파트 아 슈와 마찬가지로 에클레어는 만드는 즉시 내야 한다. 이 페이스트리는 필링의 수분과 공기 중의 습기를 빨아들이므로 오래 보관할수록 눅눅해진다.

응용 레시피

초콜릿 헤이즐넛 에클레어: 앞의 레시피에서 페이스트리 크림, 캐러멜 소스, 팝콘을 뺀다. 에클레어를 초콜릿 헤이즐넛 크림(83페이지 참조)으로 채우고 초콜릿 소스를 올린다(109페이지 참조).

레몬 커드 에클레어: 앞의 레시피에서 페이스트리 크림, 캐러멜 소스, 팝콘을 뺀다. 에클레어를 레몬 커드로 채우고 화이트 초콜릿 소스를 올린다(109페이지 참조).

바닐라 아이스크림을 채운 프로피테롤

1:4

THE RECIPE 프로피테롤은 에클레어의 동생이라 할 수 있다. 크기가 작아서 아이스크림 한 스쿱과 완벽하게 어울리는 한 쌍이 된다.

THE RATIO 이 레시피에서는 도우와 필링의 비율이 1:4이다.

산출량: 페이스트리 32개

준비 시간: 24시간

굽는 시간: 45분

준비된 파트 아 슈 도우 450g

바닐라 아이스크림 1.2L [아래 레시피 참조]

초콜릿 소스 2컵 [아래 레시피 참조]

1. 오븐을 190도로 예열한다. 유산지를 깐 베이킹 시트 2개에, 준비된 파트 아 슈 도우를 5㎝ 간격을 두고 프로피테롤 모양으로 파이핑한다. 베이킹 시트 하나에 최대 24개의 프로피테롤을 올릴 수 있다. 45분 동안 또는 크러스트가 진한 황금빛을 띠고 만졌을 때 단단한 느낌이 들 때까지 굽는다. 상온이 될 때까지 식힌다.

2. 각 프로피테롤을 가로로 이등분한다. 아이스크림 한 스쿱을 아래쪽 프로피테롤 위에 얹는다. 위에 다른 반쪽을 덮어 샌드위치를 만든다. 소량의 초콜릿 소스를 스푼으로 떠서 프로피테롤 위에 뿌린 뒤 바로 낸다.

TIP 이 레시피의 준비 시간 대부분은 아이스크림이 하룻밤 동안 냉동되는 시간이다. 아이스크림만 준비되면 이 조그만 퍼프를 금세 만들 수 있다.

바닐라 아이스크림

헤비 크림 1컵과 우유 1컵을 중간 냄비에 넣는다. 바닐라 빈 1개를 길이로 반 갈라 씨를 긁어낸다. 바닐라 빈 콩깍지와 씨를 모두 우유에 넣는다. 중강불에서 표면에 얇은 막이 생길 때까지(클립 달린 식품 온도계로 80도) 우유를 가열한다. 거품기 후크를 끼운 믹서 볼에 달걀노른자 8개와 그래뉴당 230g을 넣고, 가볍고 솜털 같은 질감이 날 때까지 고속에서 휘핑한다. 이 달걀 혼합물에 뜨거운 우유의 ⅓ 분량을 서서히 부으면서 계속 휘핑한다. 믹서 볼의 내용물을 냄비의 우유에 붓고 중불로 가열한다. 5분 정도 계속 저으면서, 우유 혼합물이 걸쭉해져서 스푼에 달라붙을 때까지 가열한다. 너무 뜨거워질 때까지 오래 가열하지 않도록 한다. 달걀이 완전히 익으면 안 된다.

우유 혼합물을 큰 볼에 옮겨 담고 상온까지 식도록 두었다가 냉장고에 최소 4시간 두어 완전히 식힌다. 아이스크림 기계에 넣고 제조사의 설명서에 따라 아이스크림을 만든다. 밀폐용기에 담아 냉동실에 밤새 넣어놓아 완전히 굳힌다. 결과물의 양은 약 1.2L.

초콜릿 소스

작은 냄비에 우유 90㎖, 연한 옥수수 시럽 2테이블스푼, 그래뉴당 55g을 넣고 중강불로 가열하여 끓인다. 여기에 코코아 파우더 45g을 넣어, 다시 끓어오를 때까지 계속 저어준다. 다크 초콜릿 110g을 다져서 넣고, 초콜릿이 완전히 녹아 소스의 농도가 균일해질 때까지 젓는다. 산출량은 약 1컵.

화이트 초콜릿 소스 만들기

코코아 파우더를 빼고, 다크 초콜릿 대신 화이트 초콜릿 110g을 넣으면 된다.

시나몬 베녜

1:0

THE RECIPE 파트 아 슈 도우를 튀기면 베녜가 탄생한다. 오븐에서 굽는 것과 마찬가지로, 튀기면 충분한 고온에서 오랜 시간 가열하게 되는 것이므로 도우가 부풀고 껍질이 단단해져서 모양을 유지할 수 있다. 다른 파트 아 슈 레시피와 마찬가지로 베녜도 만들어서 바로 먹는 것이 가장 좋다.

THE RATIO 베녜에는 아주 적은 양의 시나몬과 설탕이 들어갈 뿐이어서 도우와 토핑의 비율이 거의 1:0이다. 그래도 맛이 좋으니까 걱정할 필요는 없다.

산출량: 페이스트리 24개

준비 시간: 1시간

굽는 시간: 10분

준비된 파트 아 슈 도우 450g [100 페이지 참조]

식물성 식용유 1.2L

그래뉴당 55g

빻은 시나몬 1테이블스푼

1. 큰 냄비에 식용유를 넣고 온도계로 재서 180도가 될 때까지 중약불로 가열한다. 온도 유지를 위해 필요하다면 불을 줄인다. 큰 볼에 설탕과 시나몬을 넣고 섞어서 한쪽에 둔다.

2. 도우를 30g 용량의 쿠키 스쿱으로 떠서 뜨거운 식용유에 몇 개씩 넣는다. 6~8분 동안, 또는 진한 황금빛을 띠기 시작할 때까지 튀긴다. 식용유는 180도를 유지한다.

3. 식용유에서 베녜를 건져 바로 시나몬 혼합물에 넣고 굴린다. 접시로 옮겨 살짝 식힌 다음 낸다. 나머지 도우도 같은 방법으로 조리해서 따뜻할 때 낸다.

튀기기

베녜를 제대로 튀기기 위해 가장 중요한 것은 식용유의 온도이다. 온도가 낮으면 조리 시간이 길어져 기름을 많이 흡수하게 되므로, 유쾌하지 않은 느끼한 맛이 난다. 반대로 온도가 너무 높으면 속이 익기 전에 페이스트리의 겉이 탈 수 있다.

응용 레시피

커피 크림 베녜: 베녜를 시나몬 설탕에 굴리는 대신, 파우더 슈거를 뿌리고 커피 페이스트리 크림으로 채운다. 바닐라 페이스트리 크림(148페이지 참조)의 레시피대로 따르되, ½컵 분량의 우유 대신 새로 내린 커피 ½컵을 넣으면 된다. 커피 크림은 베녜에 넣기 전 냉장해둔다.

타임 뇨키 파리지엥

THE RECIPE 이 뇨키 파리지엥은 파트 아 슈 도우에 허브, 치즈, 향신료, 그리고 기타 재료들을 첨가해 어떻게 풍미를 살릴 수 있는지를 보여주는 대단한 레시피다. 단, 치즈와 같이 무게감이 있는 재료는 도우 전체 무게의 ¼ 분량을 넘어서는 안 된다.

THE RATIO 이 레시피에서는 도우와 토핑의 비율이 1:1이다.

1. 파트 아 슈 도우를 100페이지에 제시된 대로 준비하되, 달걀을 넣기 전에 파마산 치즈 30g, 타임, 로즈마리를 추가한다. 직경 0.6㎝ 크기의 둥근 깍지를 끼운 짤주머니에 도우를 채운다. 도우를 준비하는 동안, 큰 냄비에 최소 7L 이상의 물을 붓고 강불에서 팔팔 끓인다. 끓으면 불을 줄여 보글보글 끓는 상태를 유지한다.

2. 뇨키 파이핑하는 방법(103페이지)을 참조해, 2.5㎝ 조각의 뇨키를 물에 넣어 5분 정도 삶는다. 구멍 뚫린 스푼을 이용해 뇨키를 건져 키친타올을 깐 접시 위에 올린 다음 한쪽에 둔다.

3. 소스 준비하기: 버터 110g을 큰 프라이팬에 넣고 중불로 가열한다. 팬에 양파를 넣고 양파가 투명해질 때까지 10분간 볶는다. 불을 약하게 줄이고, 헤비 크림과 나머지 치즈 55g을 넣는다. 10분 동안, 또는 소스가 걸쭉해지기 시작할 때까지 자주 저으며 조리한다.

4. 나머지 버터 30g을 다른 큰 프라이팬이나 무쇠 팬에 넣고 중강불로 가열한다. 팬의 바닥에 뇨키를 한 층 깔고 자주 저으면서 3~5분간, 또는 갈색을 띠기 시작할 때까지 조리한다. 뇨키와 소스를 버무려 낸다.

산출량: 4인분

준비 시간: 1시간

굽는 시간: 30분

파트 아 슈 도우 450g [100페이지 참조]

강판에 간 파마산 치즈 85g [나누어서 사용]

곱게 다진 신선한 타임 1테이블스푼

곱게 다진 신선한 로즈마리 ½티스푼

무염버터 140g [나누어서 사용]

얇게 슬라이스한 흰 양파 1개 분량

헤비 크림 ½컵

체다 구제르

8:1

THE RECIPE 이 구제르(gougères) 레시피는 파트 아 슈 도우를 보다 풍부한 맛이 나도록 응용해 본 것이다. 슈 고유의 퍼프 형태를 유지하는 것이 특징. 그대로 내도 되고, 갖가지 세이버리 필링을 채워서 내도 된다.

THE RATIO 이 레시피에서는 도우와 추가 재료의 비율이 8:1이다.

산출량: 페이스트리 24개

준비 시간: 1시간

굽는 시간: 30분

파트 아 슈 도우 450g [100페이지 참조]

강판에 간 체다 치즈 55g

1. 오븐을 190도로 예열한다. 베이킹 시트에 유산지를 깐다. 100페이지의 설명에 따라 파트 아 슈 도우를 준비하되, 달걀을 넣기 전에 체다 치즈를 추가한다.

2. 직경 0.6㎝ 크기의 둥근 깍지를 끼운 짤주머니에 도우를 채운다. 베이킹 시트 위에 5㎝ 간격을 두고, 도우를 구제르 모양(102페이지 참조)으로 파이핑한다.

3. 45분 동안 구워서 바로 낸다.

BRIOCHE DOUGH

브리오슈는 천연 발효시킨 효모 도우이다. 달걀, 버터, 설탕으로 맛을 내는 식빵 반죽과 비슷하다. 가볍고 폭신한 식빵 느낌의 페이스트리를 만드는 데 두루 사용된다. 시나몬 롤, 도넛, 브리오슈 아 테트, 그리고 심지어는 식빵도 만들 수 있다. 도우의 비율은 10플라워 : 2지방 : 3리퀴드 : 1설탕 : 3½달걀 이다.

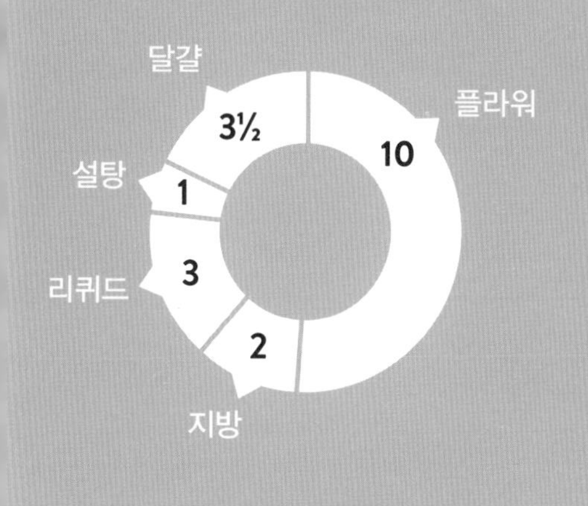

- 6 강력분
- 4 박력분
- 2 버터
- 3 우유
- 3½ 달걀
- 1 설탕

이 도우로 만들 수 있는 것들:

도넛
시나몬 롤
브리오슈
롤
식빵

브리오슈 도우

산출량: 560g	준비 시간: 6시간	굽는 시간: 상황에 따라

③ 우유 90㎖
활성 건조 효모 1테이블스푼
① 그래뉴당 30g
3⅓ 달걀 2개 [상온에 둔 상태]
② 녹인 무염버터 55g
⑥ 강력분 170g
④ 박력분 110g
소금 1티스푼

도우 반죽하기

브리오슈 도우 반죽은 손으로도 스탠드 믹서로도 할 수 있다.

손으로 반죽할 때

1. 작은 냄비에 우유를 담고 중강불에서 가열한다. 표면에 얇은 막이 생기고 (클립 달린 식품 온도계로 80도) 김이 나며 거품이 보일 때까지 가열한 후, 불에서 내려 상온에서 46도까지 식힌다.

2. 싱크대에서 뜨거운 물을 받아, 큰 볼의 외부를 덥힌다. 따뜻해진 볼에 우유를 옮기고 효모를 넣은 뒤 2~3분 저어 완전히 녹인다. 설탕, 달걀, 버터를 더하고 잘 어우러질 때까지 젓는다. 밀가루와 소금을 더한다. 도우가 겨우 뭉쳐지기 시작할 때까지 스푼으로 젓는다.

3. 밀가루를 살짝 뿌린 조리대 위에 도우를 올리고 밀가루를 바른 손으로 치댄다. 밀가루를 과도하게 묻히지 않도록 주의한다. 처음에는 도우가 매우 끈적일 것이다. 도우에 탄력이 생기고 끈적임이 조금 덜해질 때까지 10분 정도 치댄다.

스탠드 믹서로 반죽할 때

1. 작은 냄비에 우유를 담고 중강불에서 가열한다. 표면에 얇은 막이 생기고 (클립 달린 식품 온도계로 80도) 김이 나며 거품이 보일 때까지 가열한 후, 불에서 내려 상온에서 46도까지 식힌다.

2. 싱크대에서 뜨거운 물을 받아, 믹서의 큰 볼 외부를 덥힌다. 따뜻해진 볼에 우유를 옮기고 효모를 넣은 뒤 2~3분 정도 저어 완전히 녹인다. 설탕, 달걀, 버터를 더하고 잘 어우러질 때까지 젓는다. 밀가루와 소금을 더한다.

3. 믹서에 반죽기 후크를 끼운 뒤 저속에서 2분, 또는 도우가 겨우 뭉쳐지기 시작할 때까지 돌린다. 속도를 중속으로 올리고, 도우가 공의 형태가 될 때까지 10분 정도 더 돌린다. 도우에 탄력이 생기고 끈적임은 조금 덜해졌을 것이다.

도우 부풀리기

1. 밀가루나 버터를 바른 손이나 오일 스프레이를 뿌린 스페튤라를 이용해, 도우를 버터를 바른 용기나 큰 볼에 옮겨 담는다. 도우를 키친타올로 덮고 상온(20도에서 30도 사이가 가장 좋다)에서 2시간, 또는 도우의 부피가 2배가 될 때까지 발효시킨다(도우가 부풀지 않는다면, 효모가 제대로 활성화되지 않았거나 휴면 상태에 있는 것일 수 있다. 처음부터 새로 시작해야 한다).

2. 도우를 주먹으로 살살 누르듯이 때려 공기를 뺀다. 도우를 볼 안에 둔 채로 손으로 몇 번 치대서 효모가 골고루 재배치되도록 한다. 다시 키친타올로 덮고 20분 정도 두어 글루텐이 안정되게 한다. 원한다면 상온에서 2시간 두어 2차 발효를 시킨다. 아니면 냉장고에서 4~8시간, 또는 하룻밤 재웠다가 다시 주먹으로 때린다. 20분쯤 기다렸다가 모양을 잡는다.

3. 도우를 성형할 준비가 끝났다(121~122페이지 참조). 성형한 후에 상온에서 더 부풀릴 필요가 있다면 키친타올로 덮고 2시간, 또는 부피가 2배가 될 때까지 둔다.

보관하기

브리오슈 도우는 오래 두고 쓰거나 냉동 보관도 가능하다. 성형하기 전에 냉장고에 하루쯤 보관할 수 있지만, 시간이 지날수록 효모의 맛이 강해진다. 굽기 전까지 효모가 계속 활동하기 때문이다. 구워진 브리오슈는 밀폐용기에 넣어 상온에서 2일간 보관할 수 있다.

브리오슈 도우의 조건

- **도우:** 브리오슈 도우는 매끄럽고 탄력이 있으며, 만졌을 때 끈끈함이 느껴져야 한다.
- **페이스트리:** 구워진 브리오슈는 색이 진하고 바삭하면서도 쫄깃한 크러스트를 가져야 한다. 또한 속은 일반적인 작은 크럼을 가진 부드러운 식감이어야 한다.

우유 덥히기

표면에 얇은 막이 생길 때까지(80도) 가열했다가 식힌다. 이 과정은 도우를 부풀리고 도우의 풍미를 살리는 데 꼭 필요하다. 우유를 덥히면 우유 안의 단백질 분해 효소가 비활성화 되어 효모의 작용을 방해하지 않는다.

브리오슈의 풍미

전통적인 브리오슈 레시피에서는 밀가루와 버터의 비율이 2:1이다. 이 책에서는 이 비율을 사용하지 않았으며 달걀, 설탕, 리퀴드(여기서는 우유)를 추가했다. 브리오슈 도우는 일반적으로 두 번 발효한다. 한 번은 상온에서, 두 번째는 냉장실에서이다. 두 번째, 낮은 온도에서 발효하면 서서히 부풀게 되어 풍미가 더 깊어지는 효과가 있다. 시나몬 롤이나 도넛, 브레이드 로프처럼 견과류, 과일 등 맛이 풍부한 재료를 첨가하는 응용 레시피에서는 한 번만 발효해도 괜찮다. 함께 넣은 재료들이 효모로 발효한 도우의 풍미를 살려주기 때문이다. 다른 재료가 들어가지 않는 식빵 혹은 브리오슈 롤의 경우는 두 번 발효해 브리오슈 도우의 풍미를 극대화하도록 한다.

효모 발효 도우의 12단계

브리오슈, 크루아상, 데니시 등 효모로 부풀리는 도우를 만들 때는 일반적으로 다음의 12단계를 거친다. 이 단계를 숙지하면 도우를 만들 때 큰 도움이 된다.

1. 계량(Scaling): 정확한 비율을 맞추기 위해 재료를 준비하고 무게를 잰다.

2. 반죽(Mixing): 글루텐과 구조의 형성을 위해 도우를 혼합하고 치댄다.

3. 1차 발효(Fermenting): 풍미와 폭신한 크럼 형성을 위해 도우를 상온에서 부풀린다.

4. 펀칭(Punching): 부푼 도우 안의 공기를 빼고 재빨리 치대서 효모가 골고루 재배치되도록 하는 과정, 발효가 지속되도록 한다.

5. 분할(Dividing): 몇 개의 조각으로 자르거나 뜯어 놓으면 나중에 도우의 모양을 잡기 쉽다.

6. 사전 성형(Preshaping): 도우를 분할한 뒤에 애벌로 모양으로 대충 만들어두면 최종 성형이 수월하다.

7. 휴지(Resting): 글루텐을 안정시키기 위해 도우를 잠깐 한쪽에 둔다. 나중에 도우를 다루기가 쉬워진다.

8. 성형(Shaping): 완성품 페이스트리의 형태로 도우의 모양을 잡는다.

9. 2차 발효(Proofing): 도우를 한 번 더 발효시켜 풍미, 모양, 크럼의 상태를 업그레이드한다.

10. 굽기(Baking): 크러스트는 캐러멜화 되고 안은 부드럽게 만들어지도록 적당한 시간 동안 적당한 온도에서 굽는다.

11. 식히기(Cooling): 도우를 완전히 식혀야 비로소 조리 과정이 완료된다. 도우를 식혀야 크럼이 안정되기 때문이다.

12. 보관(Storing): 구워진 페이스트리는 최상의 품질을 보존할 수 있는 최적의 상태로 보관한다.

1차 발효와 2차 발효

효모 발효 도우를 만들 때는 도우를 부풀리는 과정이 가장 중요하다. 효모가 발효하면서 도우에 함유된 당을 소비하는데(밀가루 및 추가 재료에 들어 있는 당분과 첨가된 감미료 모두), 이 과정에서 배출되는 이산화탄소로 인해 기포가 생성된다. 이는 도우를 부풀리고 폭신한 식감을 만들 뿐 아니라 풍미도 좋아지게 한다. 보통 한 번 이상의 발효 과정을 거친 도우(냉장실에 넣어 발효 속도를 늦춘 경우에도 발효는 지속된다)는 효모의 향이 짙고 풍미가 좋아진다.
2차 발효는 발효된 도우를 굽기 직전에 행해지는데, 이 단계 역시 매우 중요하다. 이 과정이 크럼의 밀도, 크러스트의 질, 구워진 도우의 탄력성에 영향을 미치고 마지막 형태를 결정짓는다. 2차 발효가 덜 되면(충분한 시간 동안 부풀지 못했을 경우) 밀도가 너무 높은 완성품이 만들어진다. 반대로 과도하면(너무 오래 부풀게 두었을 경우) 완성품이 주저앉거나 갈라지게 된다. 일반적으로 구워진 도우의 부피는 구워지기 전의 2배가 약간 안 되어야 한다. 굽는 동안 오븐 안에서 계속 팽창하는 것을 볼 수 있다. 레시피에 따라 부풀리는 정도에 차이가 있으므로 레시피를 주의해 따르도록 한다.

발효 용기(proof box) 사용하기

발효를 위한 최적의 온도와 습도를 유지하도록 디자인된 것이 발효 용기이다. 이를 사용하는 것이 발효를 위한 최선의 선택이다. 그러나 용기가 없더라도, 발효하기 좋은 온도의 장소를 집안에서 찾는다면 동일한 효과를 볼 수 있다. 다음의 아이디어를 참조하자.

오븐: 오븐을 200도에서 30초~1분 예열한 뒤 끈다. 오븐 내부의 온도는 약 26~27도 정도가 되어야 한다. 오븐의 바닥에 뜨거운 물 한 그릇을 넣고, 바로 위의 랙에 베이킹 시트를 깐 뒤 도우를 얹는다. 도우가 발효되도록

둔다. 주방이 아주 춥거나 더울 때 이 방법이 매우 유용하다.

용기: 사면이 밀폐된 용기라면 어떤 것이든 발효 용기처럼 사용할 수 있다. 도우에 물을 스프레이한 뒤, 밀폐용기 안에 넣는다. 방이 아주 춥거나 덥지 않은 경우 좋은 효과를 볼 수 있다.

위생백: 도우를 베이킹 시트 위에 올린 채로 얇고 투명한 대형 플라스틱 봉지에 넣는다. 봉지를 열고 도우에 물을 스프레이한 다음, 재빨리 오므려 물의 증발을 막는다. 봉지의 남는 부분을 베이킹 시트 밑에 접어 넣어서 도우 위에 돔 모양의 지붕을 만들어준다. 도우가 발효될 때까지 둔다.

시간과 온도

도우의 형태와 굽는 시간 간에 아무런 관계가 없는 다른 도우들과는 달리, 브리오슈 도우는 그 모양에 따라 굽는 시간이 천차만별이다. 시나몬 롤과 브레이드 로프는 똑같이 200도에서 굽지만 하나는 12분, 다른 하나는 40분간 굽는다. 브리오슈 도우를 튀길 때는 170도의 기름에서 4분간 튀긴다. 일반적으로는 부피가 굽는 시간을 결정하는 기준이지만, 항상 레시피를 잘 보고 정확한 시간과 온도를 따르도록 한다.

브리오슈 볼

1

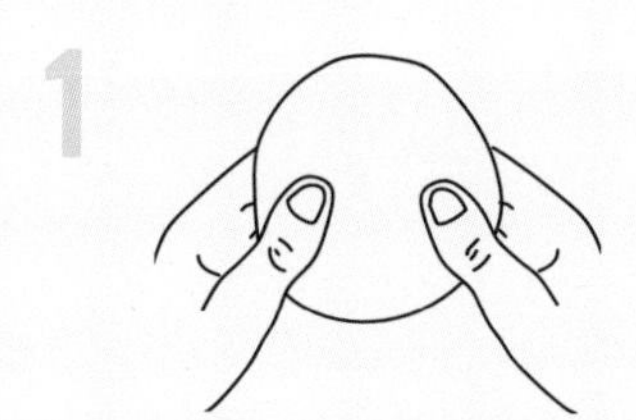

도우를 공 모양으로 만든다. 엄지를 공의 위쪽에 올리고, 나머지 손가락은 공의 아래를 받친다.

2

양쪽 엄지를 바깥쪽으로 움직이면서 도우를 당겨준다. 동시에 나머지 손가락으로 늘어난 도우를 안쪽으로 민다.

3

도우를 90도로 돌리고, 도우의 껍질이 팽팽해질 때까지 이 과정을 반복한다.

브리오슈 로그

1

도우가 직사각형이 되도록 민다.

2

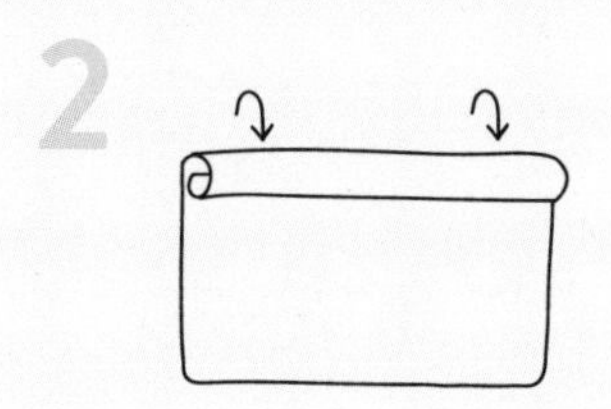

손으로 도우를 단단하게 말아준다.

3

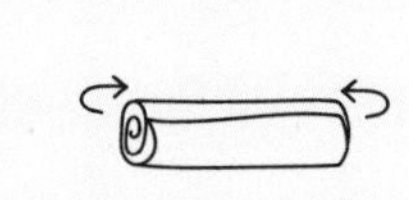

끝단을 잘 오므려서 통나무 모양 도우의 바닥에 붙인다.

브리오슈 아 테트

1

손의 옆면을 이용해 공 모양 도우를 2개로 나누되, 1개가 다른 1개의 ¼ 정도 크기가 되도록 한다.

2

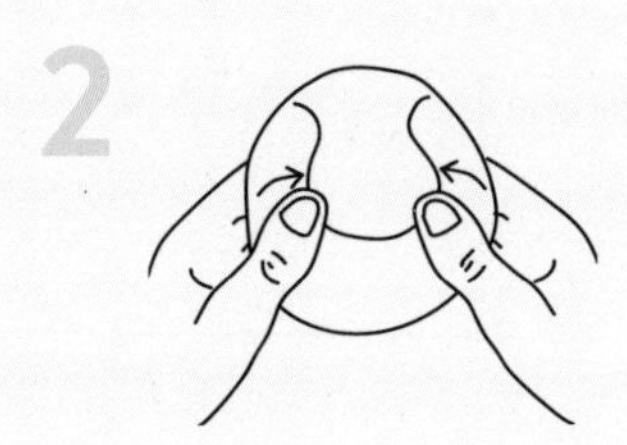

작은 공을 큰 공 안쪽으로 밀어 넣는다. 작은 공의 가장자리를 꼭꼭 눌러 잘 붙어 있도록 한다.

3

도우를 조심스럽게 브리오슈 팬에 집어넣는다.

시나몬 롤

1

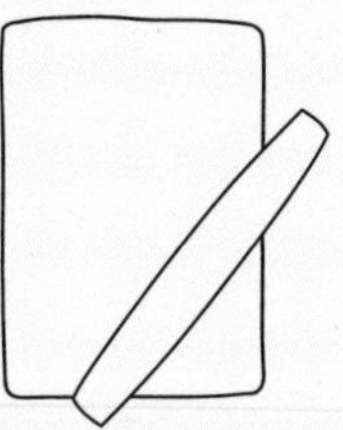

도우를 밀대로 얇고 평평하게 밀어, 대충 직사각형이 되도록 한다. 필요하다면 더 길거나 짧게 밀어도 된다.

2

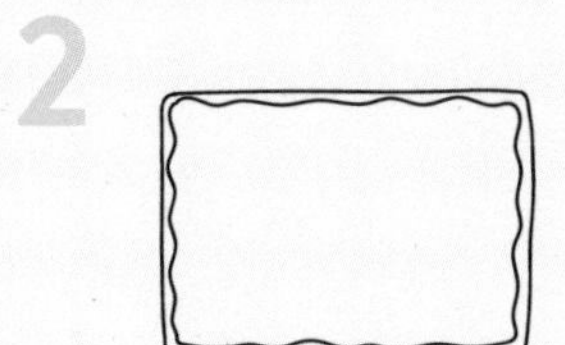

도우에 필링을 편다.

3

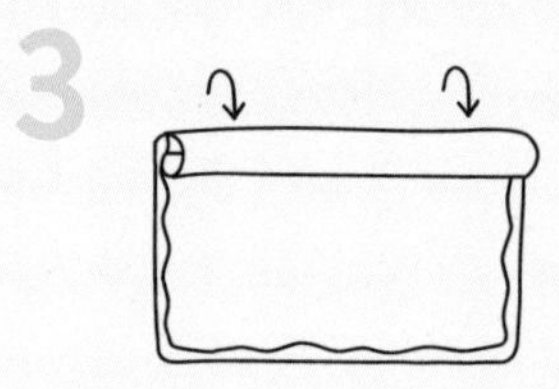

손으로 도우를 단단하게 말아준다.

도넛

1

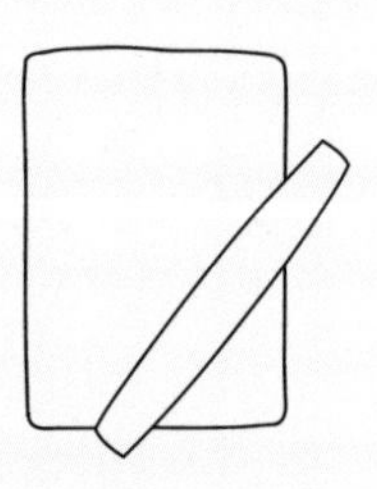

도우를 대충 직사각형으로 민다.

2

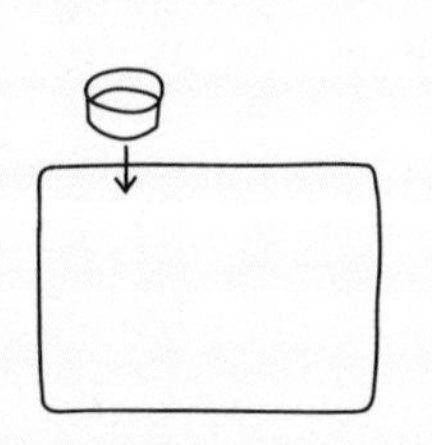

레시피에 따라 쿠키 커터를 사용하여 동그라미를 찍어낸다.

3

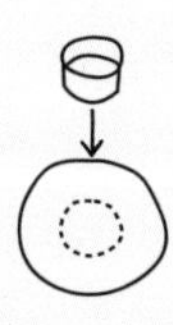

전형적인 도넛 모양을 내려면 지름 1.3㎝ 크기의 쿠키 커터로 가운데 구멍을 낸다.

브레이드

1

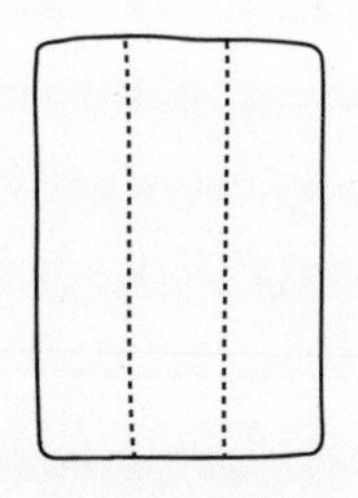

도우를 직사각형으로 민 뒤에 길이로 3등분하여 3개의 긴 띠를 만든다.

2

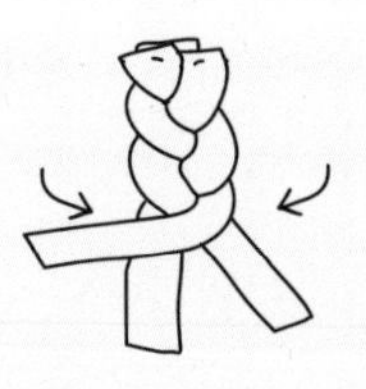

띠의 한쪽 끝을 모아서 뭉친다. 왼쪽 띠를 중간 띠 위로 가져와서 땋기 시작한다. 이를 반복한다.

3

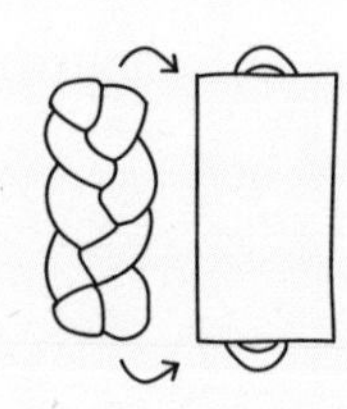

땋고 남은 부분을 뭉친 뒤 땋은 모양 아래로 접어 넣는다.

BRIOCHE DOUGH RECIPES

브리오슈 도우 레시피

브리오슈 아 테트

1:0

THE RECIPE 가장 흔한 형태의 브리오슈인 '브리오슈 아 테트'의 이름은 그 모양에서 비롯되었다. 테트는 프랑스어로 '머리'라는 뜻이다. 큰 공 모양 도우 위에 작은 공 모양을 얹어, 세로로 홈이 파인 팬에 넣어 굽는다. 특별한 재료를 쓰지는 않았지만, 잼이나 꿀과 함께 내면 달콤하고 풍미가 좋은 도우가 빛을 낸다.

THE RATIO 브리오슈 아 테트는 100% 도우로 만들어진다.

산출량: 페이스트리 8개

준비 시간: 6시간

굽는 시간: 20분

브리오슈 도우 560g [발효 및 성형을 하지 않은 상태, 118페이지 참조]

달걀물 1개 분량

1. 브리오슈 틀 8개에 쿠킹용 오일을 스프레이해서 달라붙지 않게 한다. 준비된 도우를 8등분하고 브리오슈 아 테트 성형법(121페이지 참조)에 따라 모양을 잡는다. 틀에 넣은 도우를 베이킹 시트 위에 얹는다. 키친타올로 덮고 2시간 정도, 또는 부피가 2배로 부풀 때까지 발효시킨다. 자세한 설명은 120페이지의 '1차 발효와 2차 발효' 부분을 참조한다.

2. 오븐을 200도로 예열한다. 브러시로 달걀물을 브리오슈 아 테트에 바른다. 20분 정도, 또는 윗부분이 진한 색을 띠고 윤기가 돌 때까지 굽는다.

3. 틀을 손으로 만질 수 있을 때까지 페이스트리를 몇 분간 그대로 두어 식힌다. 브리오슈 아 테트 틀을 옆으로 기울여 공기가 통하도록 한 다음, 완전히 식힌 후에 낸다.

응용 레시피

허니 글레이즈 디너 롤: 브리오슈 도우를 9개의 공 모양으로 만든다(121페이지 참조). 20cm 크기의 정사각형 팬에 유산지를 깔고 도우 볼을 올려놓은 뒤, 키친타올로 덮고 2시간 정도 또는 부피가 2배로 부풀 때까지 발효시킨다. 브러시로 꿀을 도우 위에 얇게 펴 바른다. 200도에서 20분 정도, 또는 윗부분이 진한 황금빛을 띨 때까지 굽는다. 따뜻할 때 꿀을 다시 한 번 얇게 발라준다. 식은 후에 낸다.

크랜베리와 피스타치오를 넣은 브레이드 브리오슈

THE RECIPE 이 레시피는 브리오슈 도우가 얼마나 많은 재료를 품을 수 있는지 보여준다. 도우 무게의 절반에 해당하는 추가 재료를 넣을 수 있어, 다양한 응용이 가능하다. 피스타치오와 크랜베리 대신 다른 견과류나 말린 과일을 써도 무방하고, 아예 너트나 과일을 빼고 카르다몸과 시나몬 같은 향신료를 넣어도 된다.

THE RATIO 이 레시피에서는 도우와 추가 재료의 비율이 2:1이다.

산출량: 한 덩이 [10×23㎝]

준비 시간: 6시간

굽는 시간: 40분

브리오슈 도우 560g [왼쪽에 제시된 대로 준비, 118페이지 참조]

굵게 다진 피스타치오 110g

굵게 다진 말린 크랜베리 110g

달걀물 1개 분량

그래뉴당 55g

빻은 카르다몸 1티스푼

소금 ½티스푼

1. 118페이지의 설명에 따라 브리오슈 도우를 준비하되, 밀가루에 피스타치오와 크랜베리를 넣어준다. 1차 발효한 뒤 한쪽에 둔다. 밀가루를 살짝 뿌린 조리대에 도우를 올리고 15×30㎝ 크기의 직사각형으로 민다. 브러시로 도우에 달걀물을 살짝 발라주고, 남은 달걀물은 냉장 보관한다. 설탕, 카르다몸, 소금을 볼에 담아 섞은 뒤 도우 위에 솔솔 뿌린다.

2. 10×23㎝의 로프 팬에 쿠킹용 오일을 스프레이하거나 유산지를 깐다. 도우를 5㎝ 너비의 긴 띠 모양으로 자르되, 위쪽 0.6㎝는 자르지 않고 남겨 둔다. 긴 띠들을 땋아준다(122페이지 참조). 도우를 준비된 팬에 넣고 키친타올로 덮는다. 2시간 정도, 또는 도우의 부피가 2배가 될 때까지 발효시킨다. 팬 높이에서 2.5㎝ 위로 올라올 정도로 부풀었을 것이다.

3. 오븐의 중앙에 랙을 놓고 190도로 예열한다. 브러시로 남은 달걀물을 도우 위에 살짝 바른 뒤 40분, 또는 크러스트가 진한 황금빛을 띨 때까지 굽는다. 팬에서 완전히 식힌 후 낸다.

응용 레시피

클래식 브리오슈: 피스타치오, 크랜베리, 그래뉴당, 카르다몸, 소금을 뺀다. 도우를 민 뒤에 직사각형의 짧은 쪽으로 단단하게 말아주고, 끝자락을 잘 오므려 바닥에 붙인다. 끝자락이 붙어 있는 면이 아래로 가게 하여 10×23㎝ 팬에 넣는다. 위와 동일한 방법으로 발효시키고 굽는다.

시나몬 롤

THE RECIPE 아침 식사용으로 먹는 페이스트리 중 가장 기다려지는 것이 시나몬 롤 아닐까? 이보다 건강에 안 좋은 아침 식사를 상상하기는 어렵지만(설탕으로 인한 혈당 상승으로 하루를 시작하는 것을 건강하다고 여기지 않는 한에는), 난 아직도 아침에 달콤한 아이싱으로 범벅이 된 이 말랑말랑한 빵을 간절히 원하곤 한다.

THE RATIO 글레이즈와 필링까지 계산에 넣으면, 시나몬 롤의 도우와 필링 비율은 거의 1:1이다.

산출량: 시나몬 롤 12개

준비 시간: 6시간

굽는 시간: 40분

준비된 브리오슈 도우 560g [118페이지 참조]

그래뉴당 55g

연한 갈색설탕 55g

빻은 시나몬 ½ 테이블스푼

빻은 넛맥 ¼ 티스푼

녹인 무염버터 110g [나누어서 사용]

파우더 슈거 230g

바닐라 추출물 ¼ 티스푼

1. 20×30㎝의 베이킹 시트나 팬에 유산지를 깐다. 작은 볼에 그래뉴당, 갈색설탕, 시나몬, 넛맥을 담아 섞는다. 밀가루를 살짝 뿌린 조리대에 도우를 올리고 20×30㎝의 직사각형으로 민다. 브러시로 버터를 발라준 뒤(고르게 바르지 않아도 괜찮다), 도우 위에 설탕 혼합물을 솔솔 뿌린다.

2. 도우를 통나무 모양으로 말아(121페이지 참조) 12등분 한다: 도우를 2등분하고 또 2등분해서 4개로 만든 다음 각각을 3등분한다. 준비된 시트 위에 5㎝ 간격을 두고 도우를 4줄로 가지런히 놓는다. 키친타올로 덮어 따뜻한 곳(20도에서 30도 사이)에 둔다. 2시간, 또는 도우의 부피가 2배가 될 때까지 둔다. 도우와 도우가 맞닿아 있을 것이다.

3. 오븐을 200도로 예열한 뒤 12~15분, 또는 크러스트가 진한 황금빛을 띨 때까지 굽는다. 시나몬 롤이 구워질 동안 글레이즈를 준비한다. 나머지 버터 55g, 파우더 슈거, 바닐라, 물 1테이블스푼을 큰 볼에 담아 섞는다.

4. 시나몬 롤이 식도록 잠깐 두었다가, 따뜻할 때 글레이즈를 스푼으로 떠서 위에 뿌린다. 따뜻할 때, 또는 식은 후에 낸다.

응용 레시피

초콜릿 오렌지 번: 시나몬과 넛맥 대신 곱게 다지거나 으깬 다크 초콜릿 110g과 오렌지 제스트 1테이블스푼을 사용한다.

땅콩버터와 잼을 넣은 도넛

THE RECIPE 브리오슈 도우를 응용하는 또 다른 훌륭한 예가 도넛이다. 종종 땅콩버터 잼 샌드위치를 통째로 튀기고 싶은 충동에 사로잡히기도 하지만, 브리오슈 도우에 땅콩버터와 포도잼을 넣어 도넛으로 만드는 것이 더 좋은 아이디어다.

THE RATIO 이 레시피에서는 도우와 필링의 비율이 2:1이다.

산출량: 속을 채운 도넛 8개

준비 시간: 6시간

조리 시간: 4분

준비된 브리오슈 도우 560g [118페이지 참조]

식물성 식용유 2.4L

홈메이드 땅콩버터 110g [오른쪽 참조]

포도잼 110g [79페이지 참조]

바닐라 도넛 글레이즈 55g [오른쪽 참조]

다진 땅콩 110g [선택사항]

1. 베이킹 시트 위에 유산지를 깐다. 도우를 15×20㎝ 크기의 직사각형으로 민다. 지름 6㎝ 크기의 쿠키 커터를 이용해 동그라미 6개를 찍어낸다. 준비된 시트 위에 동그라미를 5㎝ 간격으로 가지런히 놓는다. 남은 도우를 뭉쳐서 6㎝ 너비의 직사각형으로 민다. 동그라미 2개를 더 찍어낸 뒤, 그것까지 시트 위에 놓는다. 키친타올로 덮고 1~2시간, 또는 도우의 부피가 2배가 될 때까지 발효시킨다.

2. 접시에 키친타올을 깔아놓는다. 큰 냄비에 식물성 식용유를 넣고, 클립 달린 식품온도계로 170도가 될 때까지 가열한다. 구멍 뚫린 스푼을 이용해 도넛을 한 번에 몇 개씩 조심스레 식용유에 넣는다. 한꺼번에 많이 넣어 냄비가 꽉 차게 하면 안 된다. 1~2분 동안, 또는 아래쪽이 황금빛을 띨 때까지 튀긴다. 집게로 뒤집고 1~2분 또는 나머지 면도 황금빛을 띨 때까지 튀긴다. 키친타올을 깐 접시에 건져 놓는다. 모든 도넛을 튀긴다.

3. 손으로 만질 수 있을 만큼 도넛이 식으면, 땅콩버터와 포도잼을 각각 다른 짤주머니에 넣고 길고 동그란 깍지를 끼운다. 짤주머니 하나의 깍지를 도넛 중간까지 찔러 넣고, 주머니를 살짝 눌러 도넛의 반쯤을 채운다. 다른 짤주머니의 깍지를 도넛의 ¼ 정도까지 찔러 넣고 도넛을 꽉 채운다. 같은 방법으로 모든 도넛을 채운다.

4. 도넛의 위쪽 면을 바닐라 글레이즈에 담근 후, 접시에 옮겨 담고 다진 땅콩을 올린다(원한다면). 글레이즈가 식어서 자리를 잡으면 낸다.

홈메이드 땅콩버터

어떤 견과류라도 버터로 만들 수 있다. 땅콩 110g을 푸드 프로세서 볼에 담는다. 최고 속도로 5분, 또는 땅콩이 크림 상태가 될 때까지 돌린다. 산출량은 110g.

바닐라 도넛 글레이즈

볼에 파우더 슈거 110g, 우유 2테이블스푼, 바닐라 추출액 ½티스푼을 넣고 매끄러워질 때까지 섞는다. 물이 끓고 있는 냄비 속에 볼을 올려(중탕하듯이) 따뜻함을 유지한다. 산출량은 1컵.

응용 레시피

클래식 글레이즈 도넛: 땅콩버터, 잼, 땅콩을 뺀다. 도우를 동그랗게 만든 후, 지름 1.3㎝ 크기의 쿠키 커터를 이용해 가운데에 작은 구멍을 만든다. 도넛을 튀겨 키친타올을 깐 접시에 올려놓고 몇 분간 기름을 뺀다. 도넛의 위와 아래를 글레이즈에 담근 뒤 채반에서 식힌다.

PUFF PASTRY DOUGH

퍼프 페이스트리는 화학적 팽창제나 천연 팽창제로 부풀리는 과정을 거치지 않은 도우이다. 밀가루, 물, 버터로 구성된다. '더블 턴(double-turn)' 테크닉을 사용해 2개의 부분(밀가루를 기본으로 한 도우 & 버터 블록)을 쌓고 접는 방식으로 반죽한다. 그러면 일정한 질감을 가진 하나의 덩어리가 아니라, 수백 가지의 다른 층을 가진 도우가 된다. 도우의 비율은 8플라워 : 9지방 : 4리퀴드 이다.

6 강력분

2 박력분

9 버터

4 물

이 도우로
만들 수 있는 것들:

- 턴오버
- 트위스트
- 핸드 파이
- 팔미에
- 밀푀유
- 타르트 타탱

퍼프 페이스트리 도우

산출량: 560g	준비 시간: 4시간	굽는 시간: 상황에 따라

도우

⑥ 강력분 170g

② 박력분 55g

소금 1티스푼

① 녹인 무염버터 30g

④ 물 ½컵

버터 블록

⑧ 차가운 무염버터 230g

강력분 15g

도우 반죽하기

밀가루, 소금, 버터, 물을 큰 볼에 담아 섞는다. 손으로 도우가 겨우 뭉쳐질 때까지 치대거나, 스탠드 믹서에 반죽기 후크를 끼워 저속으로 돌린다. 도우의 형태만 갖춰지면 되므로 너무 과하게 돌리지 않도록 한다. 손으로 도우를 대충 10㎝ 크기의 정사각형으로 만든다. 유산지에 꼭꼭 싸서 상온에 둔다.

버터 블록 만들기

버터 블록은 손으로도 스탠드 믹서로도 만들 수 있다.

손으로 반죽할 때

1. 견고하고 차가운 조리대(냉동시킨 대리석 슬랩이 가장 좋다)에 버터를 올리고 손바닥으로 눌러(몸 쪽에서 바깥쪽으로 미는 동작으로) 부드럽게 만든다. 버터를 다시 끌어 모아서 동일한 동작을 반복한다. 차가움을 유지하고는 있지만 말랑해져서 버터를 다루기 쉬워질 때까지 계속한다. 여기에 밀가루를 넣어 잘 어우러질 때까지 치댄다.

2. 손으로 버터 덩어리를 15㎝의 정사각형으로 만든 후, 유산지 2장 사이에 끼워 넣는다. 밀대를 사용해 유산지 위에서 15×20㎝의 직사각형으로 민다. 30분간 또는 단단해질 때까지 냉장고에 넣어둔다.

스탠드 믹서로 반죽할 때

1. 스탠드 믹서에 혼합기 후크를 끼우고 버터가 으깨질 때까지 저속으로 돌린다. 중고속(medium-high)으로 속도를 올려 물렁해지기 시작할 때까지 돌린다. 밀가루를 넣고 잘 어우러질 때까지 같은 속도로 돌린다.

2. 스페튤라를 이용해 버터 덩어리를 유산지 위로 옮긴 후, 손으로 15㎝ 크기의 정사각형으로 만든다. 2장의 유산지 사이에 끼우고, 밀대로 15×20㎝의 직사각형으로 민다. 30분간 또는 단단해질 때까지 냉장고에 넣어둔다.

도우와 버터 블록 합치기

1. 버터 블록을 냉장고에서 꺼내 둔다. 밀가루를 살짝 뿌린 조리대에 도우를 올리고 20×30㎝ 크기의 직사각형으로 밀고 짧은 쪽을 몸 가까이에 놓는다. 도우 가운데에 버터 블록을 놓는다(136페이지 참조). 아래쪽과 위쪽 도우를 뚜껑처럼 접어 버터 블록을 덮는다. 도우를 90도 각도로 돌리고, 밀대를 사용해 조심스럽게 20×30㎝ 크기에 1.3㎝ 두께의 직사각형으로 민다.

2. '더블 턴' 테크닉을 사용한다(136페이지). 도우를 4등분해, 맨 위의 칸을 가운데로 접는다. 맨 아래 칸도 가운데를 향해 접는다. 다시 한 번 더 접어 7.5×20㎝의 4겹 구조를 만든다. 도우 층을 부드럽게 눌러준 후 유산지에 싼다. 25분간 또는 도우와 버터 층이 비슷한 밀도가 될 때까지(오른쪽의 도우 테스트하기 부분 참조) 냉동한다.

3. 위의 2단계를 4회 더 반복한다. 더블 턴 테크닉과 25분 냉동하기를 총 5회 하는 것이다. 5회째의 냉동이 끝나면, 냉장실로 옮겨 35분간 더 둔 후에 도우를 사용한다.

보관하기

도우를 유산지나 랩에 싸서 보관한다. 냉장 보관은 4일, 냉동 보관은 1개월.

퍼프 페이스트리 도우의 조건

• **도우:** 퍼프 페이스트리 도우는 매끄럽고 단단하면서 다루기도 쉬워야 한다. 일단 버터가 도우에 들어간 후에는 도우와 버터가 동일한 밀도를 유지해야 한다.

• **페이스트리:** 구워진 퍼프 페이스트리는 매우 섬세한 질감을 가져야 한다. 잘 부풀고 속은 결결이 잘 떨어져야 한다는 의미다.

도우 테스트하기

도우는 손가락으로 살짝 눌렀을 때, 탄력은 있지만 제 모양으로 돌아오는 데 약간의 시간이 걸려야 한다. 아마 작은 손가락 자국이 남아 있을 것이다.

버터블록을 손가락으로 눌렀을 때는 모양이 약간 일그러질 수는 있지만 부서져서는 안 된다. 또한 손가락이 0.5㎝ 이상 쉽게 쑥 들어가도 안 된다. 버터블록은 냉장고에 보관하는데 너무 단단하면 몇 분간 상온에 둔다. 반대로 상온에 놔둔 도우가 너무 물렁하면 냉장고에 넣는다.

버터블록과 합체된 도우가 충분히 냉장되었는지 알려면 표면을 만져보거나 눌러본다. 손가락 자국이 깊으면 버터가 너무 말랑한 상태이므로 냉장고에 다시 넣어둔다. 표면이 단단하면서 손가락 자국이 나지 않으면 버터가 너무 단단한 것이므로 상온에 몇 분간 더 놓아둔다.

라미네이션 도우

버터와 도우를 함께 접어 여러 층이 형성되는 것이 라미네이션 도우이다. 지방 함량이 높은 버터(적어도 82%는 되어야 좋다)를 사용해야 최선의 결과를 얻을 수 있다. 조리하는 동안 버터에 함유된 수분이 증발하면서 도우를 부풀리게 된다. 지방 함량이 낮은 버터는 상대적으로 수분이 많아, 수분이 다 증발하지 못하는 경우가 생긴다. 즉 제대로 부풀지 못하므로 도우에서 밀가루 떡 느낌이 날 수 있다.

버터 블록 만들기

버터에 밀가루 15g을 더하면, 이 레시피의 전체 비율에 영향을 미치지는 않으면서 다루기가 한결 쉬워진다. 버터 블록의 모양을 잡으려면 손으로 대충 직사각형으로 만든 뒤에 유산지 2장 사이에 끼운다. 유산지 위에서 밀대를 사용해 얇은 직사각형으로 민다. 위의 유산지를 떼어낸 뒤에 밀가루 도우 위에 얹고 나머지 유산지도 마저 떼어낸다.

도우로 버터 블록 감싸기

1

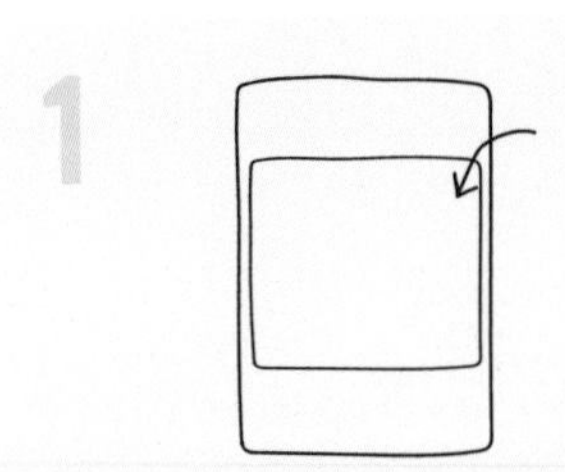

도우를 20×30㎝ 크기의 직사각형으로 민다.
버터 블록을 도우의 가운데에 놓는다.

2

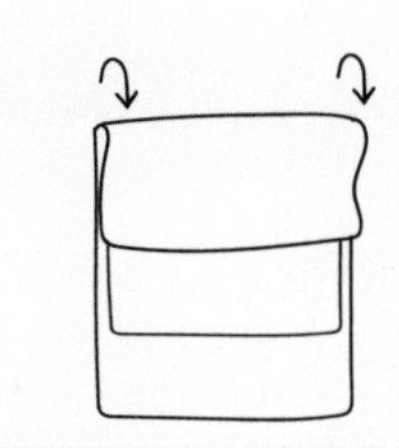

도우의 위쪽을 가운데 쪽으로 접는다.

3

도우의 아래쪽을 가운데 쪽으로 접는다.

더블 턴(double turn, 4등분 접기) 테크닉

1

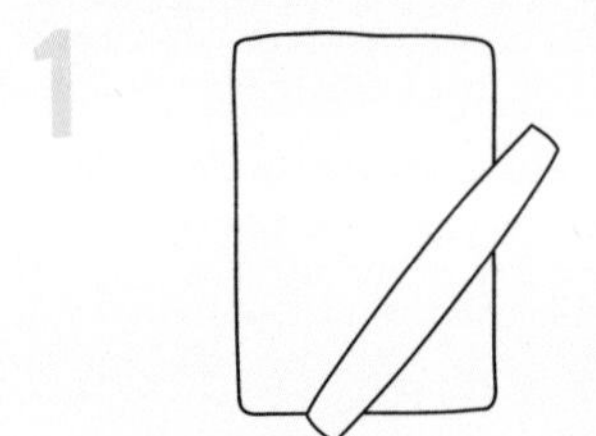

도우로 감싼 버터 블록을 20×30㎝ 크기의 직사각형으로 민다.

2

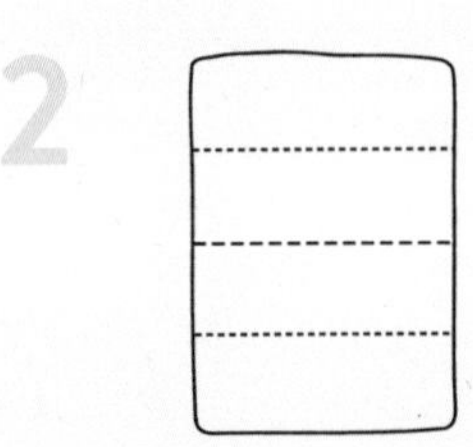

눈대중으로 직사각형을 4등분 한다.

3

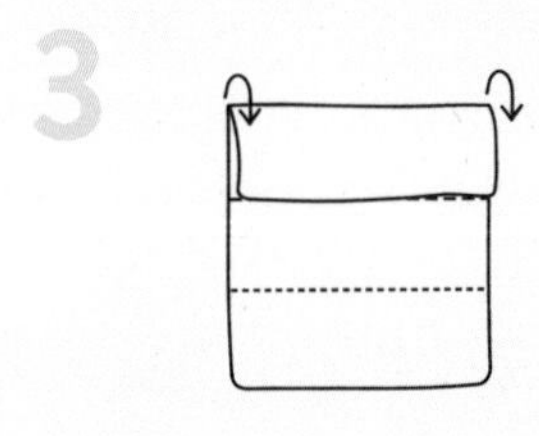

맨 위 칸을 가운데 쪽으로 접는다.

4

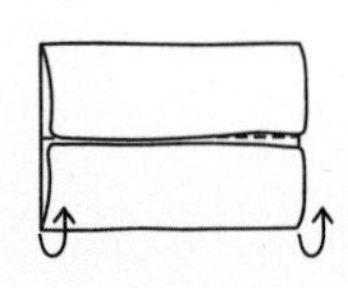

맨 아래 칸도 가운데 쪽으로 접는다.

5

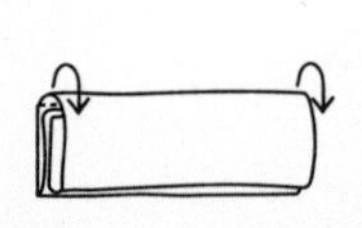

접힌 부분끼리 다시 한 번 접고 살짝 눌러준다.

6

유산지나 랩으로 싸서 25분간, 또는 버터와 도우가 동일한 밀도가 될 때까지 냉동한다.

퍼프 페이스트리 성형하기

퍼프 페이스트리로 간단한 모양을 만드는 일은 아주 쉽다. 깨끗한 조리대에 준비된 도우를 놓고 약 0.6㎝ 두께가 되도록 크게 민다. 20분 정도 휴지한다. 잘 드는 칼이나 피자 커터를 사용해 도우를 정사각형, 직사각형, 다이아몬드 등 직선 형태로 자른다. 만약 동그라미나 홈이 있는 사각형, 또는 독특한 형태를 원한다면 대형 쿠키 커터를 사용한다. 큰 원은 도우에 접시를 엎은 뒤, 가장자리를 따라가며 칼로 자르면 된다.

퍼프 페이스트리 굽기

층층이 배열된 버터가 완전히 구워져 결결이 떨어지는 식감을 낼 수 있도록, 퍼프 페이스트리는 보통 고온(200도)에서 굽는다. 최저 190도에서 최고 220도 사이에서 구우면 된다.

핀휠(바람개비 모양)

1

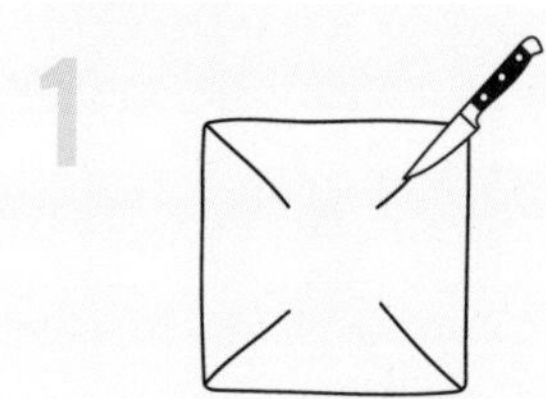

도우를 0.6㎝ 두께가 되도록 민다. 20분 정도 휴지한다. 15㎝ 정사각형으로 잘라 모서리에서 중심쪽으로 5㎝ 칼집을 넣는다.

2

잘라진 부분의 모서리가 중심에 오도록 접어서 바람개비 모양을 만든다.

트위스트(꽈배기 모양)

1

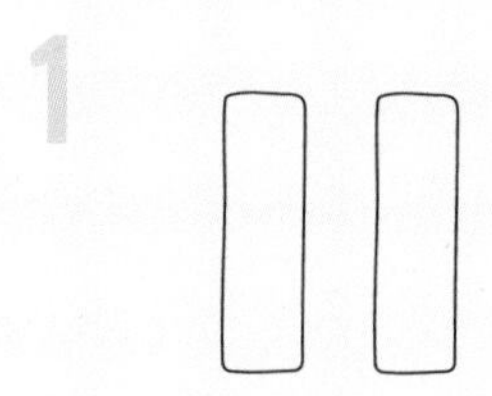

도우를 1.3㎝ 두께로 민다. 20분 정도 휴지한다. 도우를 2.5×15㎝의 띠 2개가 되도록 자른다. 띠를 겹쳐서 한쪽 끝을 꼭 눌러준다.

2

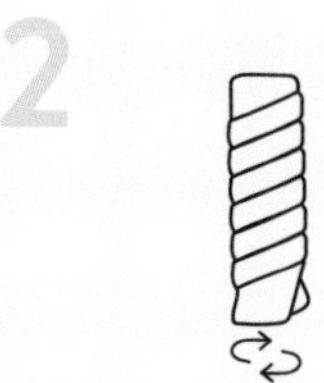

한쪽 끝을 잡은 상태에서 다른 한 쪽을 몇 번 꼬아준다.

콘(고깔 모양)

1

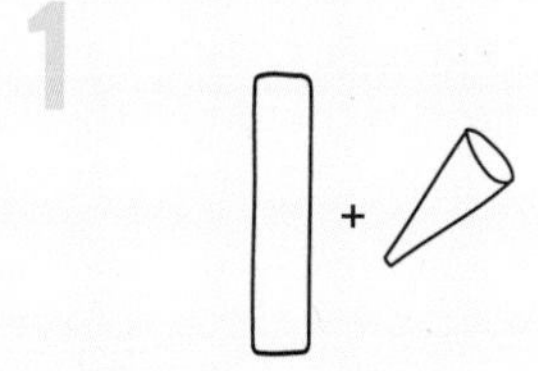

도우를 0.6㎝ 두께가 되도록 민다. 20분 정도 휴지한다. 도우를 잘라서 2.5×30㎝의 긴 띠로 만든다.

2

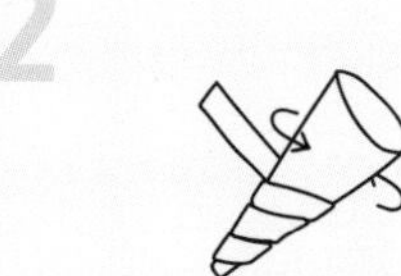

카놀리(cannoli), (시칠리아의 대표 디저트–옮긴이) 콘의 뾰족한 끝에서 넓은 쪽을 향해 사선으로 감아올린다. 띠들이 살짝 겹치게 감는다.

턴오버(삼각형)

1

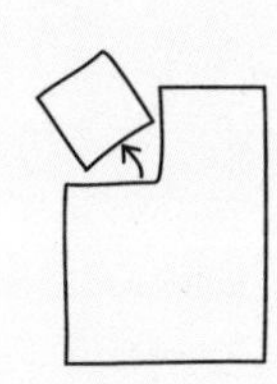

도우를 0.6㎝ 두께가 되도록 민다. 20분 정도 휴지한다. 모서리에서 정사각형을 하나 잘라낸다.

2

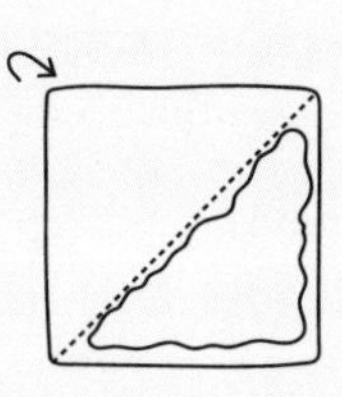

정사각형의 대각선 한쪽 부분에 필링을 펴 바르되 가장자리를 돌아가며 1.3㎝ 정도의 공간을 남긴다.

3

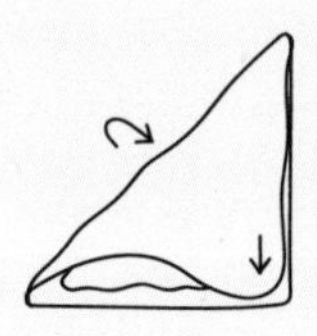

남은 대각선 한쪽을 필링 위로 접은 후, 손가락 끝으로 가장자리를 눌러준다.

로즈(장미 모양)

1

도우를 0.6㎝ 두께가 되도록 민다. 20분 정도 휴지한다. 도우를 15㎝ 정사각형으로 잘라 5㎝ 길이의 칼집을 넣는다.

2

스푼으로 필링을 떠서 도우의 가운데에 올린다. 잘라진 부분 하나를 위로 접어 올린다. 중심을 감싸듯이 꽃잎 형태를 만들면 된다.

3

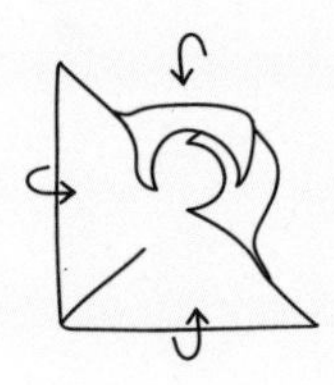

다른 잘라진 부분도 동일하게 접어 올리되, 약간씩 겹치면 장미 모양이 된다.

래티스 탑(격자 모양) 핸드 파이

1

도우를 0.6㎝ 두께로 민다. 20분 정도 휴지한다. 2개의 직사각형으로 잘라 그중 하나에 필링을 펴 바르되, 가장자리에 1.3㎝의 공간을 남긴다.

2

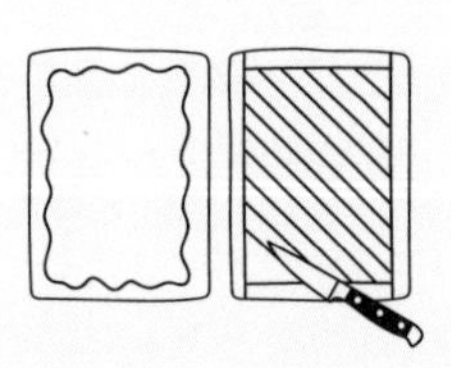

두 번째 직사각형의 테두리에서 폭 1.3㎝의 띠를 잘라낸다. 나머지는 폭 1.3㎝의 사선으로 자른다.

3

사선으로 자른 띠를 그림처럼 필링 위에 대각선 형태로 배치한다. 테두리에서 잘라낸 띠를 가장자리에 올리고 눌러서 고정한다.

포켓(주머니 모양)

1

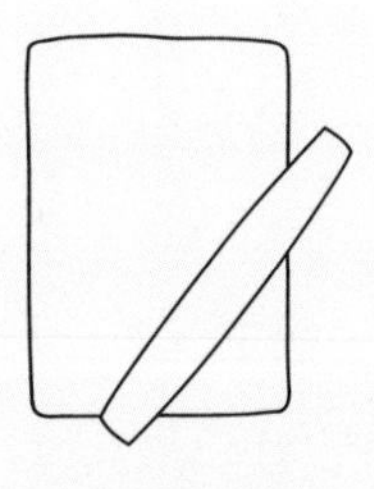

도우를 0.6㎝ 두께가 되도록 민다. 20분 정도 휴지한다. 직사각형으로 자른다.

2

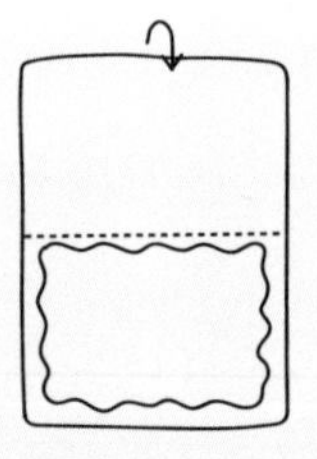

직사각형의 절반에 필링을 펴 바르고 반으로 접는다. 포크를 이용해 가장자리를 눌러 닫는다. 위에 구멍 몇 개를 낸다.

PUFF PASTRY DOUGH RECIPES

퍼프 페이스트리 도우 레시피

갈레트 데 루와

THE RECIPE 내가 파리에 갔을 때, 모든 페이스트리 샵에서 갈레트 데 루와(왕의 과자라는 의미)를 판매하고 있었다. 그 맛은 정말이지 천지가 개벽할 수준이었다. 미국에서 먹던 것과는 차원이 달랐다. 나는 비행기에서 내린 지 1시간도 안 되어 왕의 과자를 주문했다. 결결이 떨어지는 페이스트리와 초콜릿 아몬드 필링을 한 입 먹어본 순간, 직접 만들어 봐야겠다는 생각이 들었다.

THE RATIO 이 레시피에서 도우와 필링의 비율은 2:1이다.

산출량: 페이스트리 1개

준비 시간: 30분

굽는 시간: 18분

퍼프 페이스트리 도우 560g [냉장해놓은 도우, 134페이지 참조]

그래뉴당 55g

무염버터 30g

달걀 2개 [나누어서 사용]

아몬드 추출액 ½ 티스푼

녹인 다크 초콜릿 55g

아몬드 가루 45g

박력분 7g

코코아 가루 7g

1. 오븐을 190도로 예열한다. 필링을 준비하는 동안 준비된 퍼프 페이스트리 도우를 냉장고에 넣어둔다. 혼합기 후크를 끼운 스탠드 믹서의 큰 볼에 설탕과 버터를 넣고 중고속으로 돌려 크림 상태로 만든다. 달걀 1개와 아몬드 추출액을 더하고 같은 속도로 돌려 잘 치댄다. 다크초콜릿을 더하고 잘 어우러질 때까지 같은 속도로 돌린다. 다른 볼에 밀가루와 코코아 가루를 넣고 잘 섞어서, 믹서 볼의 초콜릿 혼합물에 더한다. 되직한 반죽(batter)이 될 때까지 저속으로 돌린다.

2. 퍼프 페이스트리 도우를 15×30㎝크기의 직사각형으로 민다. 지름 15㎝의 동그라미 2개를 잘라낸다. 나머지 달걀 1개를 풀어 달걀물을 만들고, 브러시로 동그라미 하나에 바른다. 그 위에 필링을 펴 바르되 가장자리에 돌아가며 2㎝의 공간을 남긴다. 두 번째 동그라미로 위를 덮고, 손가락으로 위아래의 가장자리를 꼭 오므려서 주름을 만든다.

3. 과도로 윗부분에 회오리 모양의 칼집을 아주 얕게 넣는다. 페이스트리 위에 구멍을 몇 개 뚫어 굽는 동안 증기가 빠져나가도록 한다. 달걀물을 페이스트리에 바르고 35~40분간, 또는 색이 진해지고 윤기가 날 때까지 굽는다. 완전히 식혀서 낸다.

체리를 채운 메이플 핸드 파이

8:3

THE RECIPE 퍼프 페이스트리 도우로 만드는 핸드 파이는 아주 정확하게 만들지 않아도 된다는 점에서 파이 도우로 만드는 핸드 파이(53페이지)와 아주 비슷하다. 모양을 내는 것도 간단하다. 퍼프 페이스트리 도우를 밀어서 반쪽에 필링을 채우고 다른 반쪽으로 덮어, 가장자리를 잘 오므리고 위에 증기 구멍만 뚫으면 끝이다. 좀 더 멋을 내려면 위를 격자 모양으로 만들면 된다.

THE RATIO 이 레시피에서는 도우와 필링의 비율이 8:3이다.

산출량: 핸드 파이 4개

준비 시간: 30분

굽는 시간: 18분

준비된 퍼프 페이스트리 도우 900g [134페이지 참조]

다진 신선한 체리 230g [씨를 빼서 준비]

그래뉴당 140g

레몬즙 2테이블스푼

옥수수 전분 30g

달걀물 1개 분량

곱게 다진 피칸 약간(토핑용)

메이플 시럽 약간

1. 퍼프 페이스트리 도우를 가로세 30㎝ 크기의 직사각형으로 민다. 냉장실에서 30분간 휴지한다.

2. 휴지할 동안, 바닥이 두꺼운 냄비에 체리, 물 ½컵, 설탕, 레몬즙을 넣고 끓을 때까지 중강불로 가열한다. 끓으면 중불로 줄여 10분간 또는 걸쭉해지기 시작할 때까지 가열한다. 이후 약불로 줄이고, 작은 볼에 물 2테이블스푼과 옥수수 전분을 담아 섞은 후에 냄비의 체리 혼합물에 저어가며 넣는다. 30초간 또는 완전히 걸쭉해질 때까지 조리한다. 식도록 둔다.

3. 오븐을 200도로 예열한다. 베이킹 시트에 유산지를 깐다. 도우를 7.5×10㎝ 크기의 직사각형 12개로 자른다. 베이킹 시트 위에 직사각형 4개를 올린다. 필링 45g(큰 스푼으로 수북이)을 각 직사각형의 가운데에 올리되, 가장자리에 돌아가며 1.3㎝의 공간을 남긴다. 다른 직사각형 4개는 1.3㎝ 폭의 띠가 되도록 사선으로 자른다. 띠를 각 파이의 필링 위에 얹어 격자 모양을 만든다(138페이지 참조). 나머지 직사각형 4개를 잘라 띠를 만들어 테두리를 두른다.

4. 브러시로 달걀물을 도우에 바르고 다진 피칸을 뿌린다. 20~25분간 또는 페이스트리가 잘 부풀고 진한 황금빛을 띨 때까지 굽는다. 파이 위에 메이플 시럽을 뿌려서 낸다.

TIP 보다 쉽게 작업하려면, 포켓이나 턴오버(138페이지 참조) 형태를 선택하면 된다. 신선한 체리를 구하지 못하면 냉동 체리를 완전히 녹인 후에 사용해도 된다.

응용 레시피

크랜베리 오렌지 포켓: 체리 대신에 신선한 크랜베리로 만든 퓨레 110g, 다진 신선한 크랜베리 110g, 강판에 간 오렌지 제스트 2테이블스푼을 사용한다. 왼쪽 페이지의 설명에 따라 조리하고, 138페이지를 참조해 포켓 모양으로 만든다.

펌킨 스파이스 핸드 파이: 체리 필링 대신에 펌킨 필링을 사용한다. 펌킨 퓨레 230g (58페이지의 홈메이드 호박 퓨레 만드는 법 참조), 그래뉴당 30g, 옥수수 전분 30g, 빻은 시나몬 1티스푼, 빻은 넛맥 ½티스푼, 빻은 클로브(정향) ¼티스푼, 소금 ¼티스푼을 볼에 넣고 잘 어우러질 때까지 섞는다. 이 필링은 굽기 전에 따로 조리할 필요가 없다.

허니 버번 소스를 곁들인 배 타르트

1:2

THE RECIPE 쇼트크러스트 타르트에 비하면, 퍼프 페이스트리 타르트가 한결 만들기 쉽다. 크러스트를 블라인드 베이킹(73페이지 참조)할 필요가 없기 때문이다. 퍼프 페이스트리 도우 위에 바로 필링을 얹고(이 레시피의 경우엔 버번에 졸인 배, 꿀 그리고 갈색설탕) 구워주기만 하면 된다.

THE RATIO 이 레시피에서는 도우와 필링의 비율이 1:2이다.

산출량: 타르트 1개

준비 시간: 40분

굽는 시간: 20분

준비된 퍼프 페이스트리 도우 230g [134페이지 참조]

무염버터 55g

그래뉴당 55g

연한 갈색설탕 55g

꿀 ¼컵

버번 60㎖

레몬즙 1테이블스푼

바닐라 추출액 1티스푼

배 큰 것 2개

슬라이스한 아몬드 55g

1. 준비된 도우를 10×25㎝ 직사각형으로 민다. 냉장고에서 30분간 휴지한다. 큰 냄비에 버터, 설탕, 꿀, 버번, 레몬즙, 바닐라를 넣고 중불로 가열한다. 끓기 시작하면 불을 줄여 뭉근하게 끓도록 조절한다.
   배의 껍질을 벗기고 반을 갈라 속을 빼낸다. 소스가 끓고 있는 냄비에 단면이 아래로 가도록 배를 넣고, 뚜껑을 닫아 10분간 조리한다. 그동안 오븐을 200도로 예열하고 베이킹 시트에 유산지를 깐다.

2. 스푼으로 배를 뒤집고 다시 뚜껑을 닫아 10분간 더 조리한다. 구멍 뚫린 스푼으로 배를 건져 한쪽에 둔다. 냄비 뚜껑을 닫고 불을 중강불로 올린다. 끓어오르면 불을 줄이고 10분간, 또는 걸쭉하게 될 때까지 뭉근히 끓인다.

3. 준비된 베이킹 시트에 도우를 올리고, 배의 단면이 아래로 오도록 도우 위에 가지런히 놓는다. 그 위에 아몬드를 뿌리고 소스를 골고루 붓는다. 15~18분 동안, 또는 퍼프 페이스트리가 부풀고 진한 황금빛을 띨 때까지 굽는다. 완전히 식힌 후에 낸다.

TIP 배는 가을이 제철이다. 배를 구하기 힘들다면 제철 과일로 대체해도 된다. 봄에는 베리 종류, 여름에는 자두나 복숭아, 겨울에는 사과를 이용해보자.

응용 레시피

딸기 민트 페이스트리 써클: 퍼프 페이스트리 도우 450g(134페이지 참조)을 0.6cm 두께로 민 뒤, 4개의 동그라미(지름 15cm)를 잘라낸다. 바닐라 빈 페이스트리 크림(148페이지 참조) 55g(약 2테이블스푼)을 각 동그라미의 가운데에 놓는다. 가장자리에 돌아가며 2.5cm의 공간을 남긴다. 왼쪽 레시피에 제시된 대로 굽는다. 식으면 슬라이스한 딸기와 민트 잎을 토핑한다.

바닐라 핀휠: 퍼프 페이스트리 도우 450g(134페이지 참조)을 0.6cm 두께로 민 뒤, 4개의 동그라미(지름 15cm)를 잘라낸다. 도우를 바람개비 모양으로 만든다(137페이지 참조). 각 바람개비의 가운데에 바닐라 빈 페이스트리 크림(148페이지 참조)을 넣는다. 브러시로 달걀물을 바르고 빻은 시나몬과 그래뉴당을 뿌려준다. 왼쪽 레시피에 제시된 대로 굽는다.

시나몬 트위스트

THE RECIPE 시나몬 트위스트는 쉽게 만들 수 있는 페이스트리이지만 단순한 재료의 조화가 맛을 극대화한다. 꼬여 있는 형태로 인해 시나몬과 설탕이 뿌려지는 표면적이 넓어서 한 입 한 입 먹을 때마다 달콤한 기쁨을 경험하게 된다.

THE RATIO 이 레시피에서는 도우와 필링의 비율이 5:1이다.

산출량: 페이스트리 6개

준비 시간: 40분

굽는 시간: 20분

준비된 퍼프 페이스트리 도우 450g [134페이지 참조]

달걀물 1개 분량

그래뉴당 55g

빻은 시나몬 1테이블스푼

1. 오븐을 200도로 예열하고 베이킹 시트에 유산지를 깐다. 퍼프 페이스트리 도우를 20×30㎝ 크기의 직사각형으로 민다. 직사각형을 2.5×20㎝의 띠 12개로 자른 뒤, 밀가루를 살짝 뿌린 조리대에 가지런히 올린다. 브러시로 달걀물을 바른다. 설탕과 시나몬을 섞어서 뿌려준다.

2. 2개의 띠를 단단하게 꼬아주고 양쪽 끝을 확실하게 누른다. 준비된 베이킹 시트 위에 트위스트를 올린다. 나머지도 같은 방법으로 만든다.

3. 20분간 또는 트위스트가 진한 황금빛을 띨 때까지 굽는다. 완전히 식은 후에 낸다.

응용 레시피

퍼프 페이스트리 혼: 도우를 긴 띠 형태로 자른 후, 고깔 모양의 금속제 틀에 감아 베이킹 시트에 올린다(137페이지 참조). 200도에서 20분 정도, 또는 진한 황금빛을 띨 때까지 굽는다. 완전히 식힌 후 틀에서 뺀다. 완전히 식은 상태에서 바닐라 빈 페이스트리 크림으로 속을 채운다(148페이지 참조).

밀푀유

1:1

THE RECIPE 나폴레옹이라는 애칭을 갖고 있는 밀푀유는 퍼프 페이스트리를 이용한 페이스트리 중에서 가장 유명하다. 바닐라 디플로맷 크림과 결결이 떨어지는 페이스트리를 한 층 한 층 쌓아올린 이 고급스러운 디저트는 입안에서 풍미와 식감의 축제를 벌인다.

THE RATIO 이 레시피에서는 도우와 필링의 비율이 1:1이다.

산출량: 페이스트리 4개

준비 시간: 40분

굽는 시간: 35 분

퍼프 페이스트리 도우 450g [134페이지 참조]

헤비 크림 1컵

그래뉴당 30g

바닐라 페이스트리 크림 2컵 [아래 설명 참조]

파우더 슈거 약간(토핑용)

1. 오븐을 190도로 예열한다. 도우를 20×30㎝ 크기의 직사각형으로 민다. 포크나 이쑤시개로 도우에 미세한 구멍을 여러 개 뚫어 굽는 동안 증기가 빠져나가도록 한다(이 과정을 '도킹'이라고 한다). 유산지를 깐 베이킹 시트로 옮겨 30분간, 또는 진한 황금빛을 띨 때까지 굽는다. 완전히 식힌다.

2. 도우를 굽는 동안 디플로맷 크림을 준비한다. 스탠드 믹서에 거품기 후크를 끼운다. 큰 볼에 헤비 크림을 넣고 완만한 봉우리가 형성될 때까지 고속으로 휘핑한다. 그래뉴당을 천천히 더하면서 뾰족한 봉우리가 형성될 때까지 휘핑한다. 이를 바닐라 빈 페이스트리 크림에 접듯이 섞어 넣고 냉장고에 보관한다.

3. 밀푀유 세팅하기: 식도를 이용해 퍼프 페이스트리를 3등분으로 자른다. 스페튤라로 디플로맷 크림의 절반 분량을 페이스트리 한쪽의 위에 바른다. 그 위에 두 번째 페이스트리를 올린다. 나머지 크림을 바르고 세 번째 페이스트리를 덮는다. 30분 동안, 또는 단단히 얼 때까지 냉동실에 보관한다.

4. 냉동된 페이스트리를 4쪽으로 자른다. 상온에 두었다가 파우더 슈거를 뿌려서 낸다.

바닐라 페이스트리 크림

우유 2컵을 중간 냄비에 붓는다. 바닐라 빈을 반으로 가르고 과도 끝으로 콩깍지에서 씨를 긁어낸다. 씨와 콩깍지 모두 우유에 넣는다. 중강불에서 표면에 얇은 막이 생길 때까지(클립 달린 식품온도계로 80도) 가열한다. 불에서 내린다.
큰 볼에 달걀 2개, 옥수수 전분 30g, 그래뉴당 110g을 담아 저어준다. 이 달걀 혼합물에 뜨거운 우유의 ⅓ 분량을 서서히 부으면서 계속 젓는다. 이를 뜨거운 우유에 다시 붓고 중강불로 가열한다. 계속 저으며 페이스트리 크림이 끓을 때까지 가열한다. 끓으면 몇 초 정도 더 저으며 조리한다.
페이스트리 크림 위에 막이 생기지 않도록 랩이나 유산지를 덮어 상온으로 식힌 후에 냉장고에 넣는다. 사용하기 전에 차가운 페이스트리 크림을 스푼으로 젓거나 핸드 블렌더를 이용해 부드럽게 만든다. 산출량은 2컵.

초콜릿 페이스트리 크림 만들기
조리가 끝난 페이스트리 크림에 녹인 다크 초콜릿 110g을 더해서 저어준다.

ROUGH PUFF PASTRY DOUGH

러프 퍼프 페이스트리 도우, 또는 간단 퍼프 페이스트리는 기계적으로 부풀린 도우인데, 비스킷 반죽법과 접는 과정으로 만들어진다. 오랜 시간이 요구되는 '더블 턴(4등분 접기)' 테크닉을 사용하지 않고도, 퍼프 페이스트리의 결결이 떨어지는 식감을 낼 수 있다는 것이 특징이다. 그러나 이 도우는 진정한 의미에서의 라미네이션 도우는 아니기 때문에 퍼프 페이스트리만큼은 부풀지 않는다. 이 도우의 비율은 8플라워 : 8지방 : 1리퀴드 이다.

이 도우로 만들 수 있는 것들:

턴오버
트위스트
핸드 파이
팔미에
밀푀유
타르트 타탱

러프 퍼프 페이스트리 도우

산출량: 450g	준비 시간: 45분	굽는 시간: 상황에 따라

⑥ 강력분 170g

② 박력분 55g

소금_1티스푼

⑧ 차가운 무염버터 230g

① 찬물 30㎖

도우 반죽하기

러프 퍼프 페이스트리 도우의 반죽은 손으로도 푸드 프로세서로도 할 수 있다.

손으로 반죽할 때

큰 볼에 밀가루와 소금을 넣어 섞는다. 버터를 1.3㎝ 크기로 깍둑썰기하여 더한다. 손가락을 이용해 버터 알갱이가 큰 콩알만 해지도록 밀가루에 으깨 넣는다. 찬물을 더하고 도우가 겨우 뭉쳐지기 시작할 때까지 스푼으로 젓는다.

푸드 프로세서로 반죽할 때

푸드 프로세서의 볼에 밀가루와 소금을 넣고 펄스 모드로 돌려 섞어준다. 버터를 1.3㎝ 크기로 깍둑썰기하여 더한다. 버터가 으깨져 큰 콩알만 해질 때까지 한 번에 몇 초씩 펄스 모드로 돌린다. 돌리면서 찬물을 더한다. 도우가 겨우 뭉쳐지기 시작할 때까지 계속한다. 너무 과하게 반죽되지 않도록 한다.

도우 밀기

1. 밀가루를 살짝 뿌린 조리대에 도우를 올린다. 도우를 20×30㎝ 크기의 직사각형으로 민다. 편지지를 접듯이 도우를 3등분으로 접는 '싱글 턴' 테크닉을 사용한다(옆 페이지의 그림 참조). 도우를 다시 20×30㎝ 크기의 직사각형으로 민다. 이를 3회 더 반복한다. 총 4회의 싱글 턴 테크닉을 사용하는 것이다(미는 작업 중에는 휴지할 필요가 없다). 냉장고에 넣어 20분간 휴지한다.

2. 밀가루를 살짝 뿌린 조리대에 도우를 올린다. 밀대를 사용해 도우를 30×40㎝ 크기, 0.6㎝ 두께의 직사각형으로 민다.

보관하기

유산지나 랩에 싸서 보관한다. 냉장 보관은 4일, 냉동 보관은 1개월.

찬 온도 유지하기

도우를 다루는 동안, 모든 재료와 도우가 차갑게 유지되도록 함으로써 버터와 도우가 분리되어 있도록 한다.

러프 퍼프 페이스트리 도우의 조건

- **도우:** 러프 퍼프 페이스트리 도우는 탄력이 있고 버터 알갱이들이 눈에 보여야 한다. 그래야 도우를 밀 때 버터가 도우 안에 줄무늬를 만들면서 고르게 퍼진다.
- **페이스트리:** 구워진 러프 퍼프 페이스트리는 파이 도우와 비슷하게 결결이 떨어지고 잘 부서지지만, 전통적인 퍼프 페이스트리만큼 부풀지는 않는다.

싱글 턴(single turn, 3등분 접기) 테크닉

1

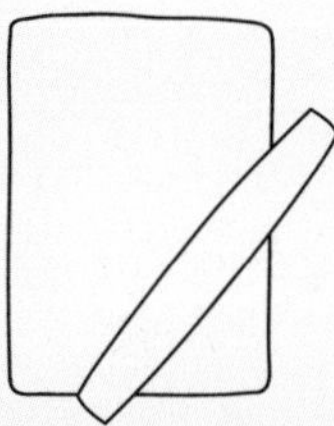

가로와 세로의 비율이 2:3 정도가 되도록(여기서는 20×30㎝ 도우를 직사각형으로 민다. 짧은 면을 몸 가까이에 둔다.

2

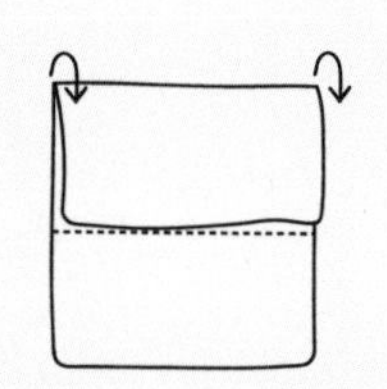

도우를 3등분해 위쪽 ⅓(여기서는 10㎝)을 가운데 쪽으로 덮는다.

3

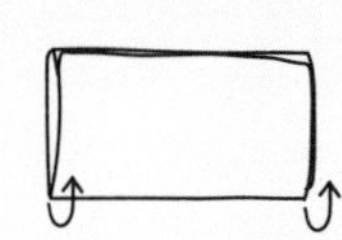

아래쪽 ⅓(여기서는 10㎝)도 도우 위로 덮는다. 도우를 다시 밀기 전 90도 각도로 돌린다.

4

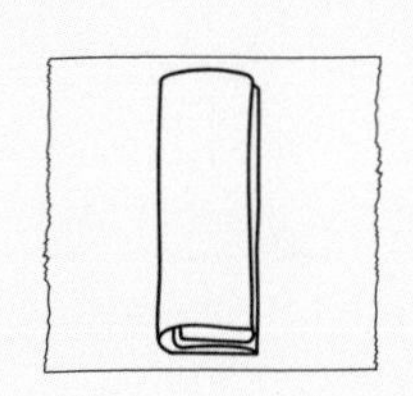

유산지로 싼다. 다시 접을 경우(크루아상, 데니시 도우)에는 휴지 시간이 필요하다.

ROUGH PUFF PASTRY DOUGH RECIPES

러프 퍼프 페이스트리 도우 레시피

스파이시 머스터드 소시지 롤

THE RECIPE 먹고 나면 죄책감을 느끼게 되지만 맛있어서 먹고야 마는 음식 중 하나가 핫도그다. 나는 예전에 핫도그에 대한 책을 낸 적도 있다. 그러니 내가 이 레시피를 매우 사랑한다는 사실이 놀랄 일은 아니다. 100% 소고기로 만든 크고 탐스러운 소시지에 향신료 약간과 머스터드를 더하고 결결이 떨어지는 페이스트리로 감싸면 최고의 핫도그, '피그 인 어 블랭킷(pig in a blanket, 담요 속의 돼지란 뜻)'이 탄생한다.

THE RATIO 이 레시피에서 도우와 죄책감을 불러일으킬 정도로 맛있는 재료의 비율은 1:2이다.

1. 오븐을 180도로 예열한다. 준비된 러프 퍼프 페이스트리 도우를 20×30㎝ 크기의 직사각형으로 민다. 도우를 4등분하여 10×15㎝ 크기의 직사각형 4개로 만든다. 각 직사각형을 대각선으로 잘라 삼각형 8개를 만든다.

2. 소시지를 삼각형 도우의 넓고 짧은 쪽에 놓는다. 도우에 머스터드를 살짝 바르고 소시지를 단단하게 말아준다. 유산지를 깐 베이킹 시트 위에 소시지 롤을 올린다. 브러시로 달걀물을 바른다.

3. 20분 동안, 또는 크러스트가 진한 황금빛을 띨 때까지 굽는다. 잠깐 식힌 후 낸다.

산출량: 페이스트리 8개

준비 시간: 40분

굽는 시간: 20분

준비된 러프 퍼프 페이스트리 도우 450g [152페이지 참조]

소고기 소시지 8개(15㎝짜리)

스파이시 머스터드 3테이블스푼

달걀물 1개 분량

생강과 사과를 올린 타르트 타탱

1:6

THE RECIPE 타르트 타탱은 업사이드 다운 케이크(upside-down cake, 윗면이 아래로 가도록 구운 뒤 뒤집는 케이크–옮긴이)의 페이스트리 버전이라 할 수 있다. 설탕에 졸여 캐러멜화 된 사과 등의 과일 위에 도우를 올리고, 잠깐 식힌 후 서빙 접시에 뒤집어서 낸다. 이 레시피는 어떤 과일을 이용해도 되는데, 과육이 단단할수록 조리 시간이 길어진다. 배는 30~40분이 적당하고, 베리 종류는 20~30분이면 충분하다.

THE RATIO 이 레시피에서는 도우와 필링의 비율이 1:6이다.

1. 밀가루를 살짝 뿌린 조리대에 준비된 러프 퍼프 페이스트리 도우를 올리고, 밀대로 지름 28㎝ 정도가 되도록 둥그렇게 민다. 지름 25㎝ 크기의 파이 팬이나 접시, 혹은 두꺼운 종이를 대고 지름 25㎝의 동그란 도우를 잘라낸다. 유산지를 깐 베이킹 시트로 옮기고 키친타올을 덮은 뒤 냉장고에 넣어둔다.

2. 오븐을 190도로 예열한다. 오븐에서 사용 가능한 지름 25㎝ 크기의 무쇠 팬, 혹은 스테인리스 프라이팬을 중불에서 달군다. 버터를 넣고 녹인다. 설탕을 더하고 계속 저으며 2분 동안 중강불로 끓인다. 팬에 사과를 겹치게 놓아서 사과 사이의 공간이 없도록 한다(구워지는 동안, 사과가 페이스트리 도우의 받침대 역할을 한다). 중약불로 줄이고 10분간, 또는 설탕이 캐러멜화 되고 진한 호박색을 띨 때까지 젓지 않고 계속 가열한다. 사과 위에 신선한 생강과 말린 생강, 소금을 뿌린다.

3. 불에서 내려서 사과 위에 도우를 덮는다. 도우가 팬의 가장자리까지 덮이게 해서, 도우가 사과 속으로 들어가지 않게 한다. 오븐에서 40~50분간 굽는다. 페이스트리 도우가 약간 수축되면서 소스가 끓는 것이 보일 것이다.

4. 페이스트리가 식도록 5분간 둔다. 칼로 프라이팬의 가장자리를 훑어서 팬에 달라붙은 것이 없는지 확인한다. 프라이팬 위에 큰 접시를 엎는다. 재빨리 그러나 조심스럽게 팬을 뒤집어 접시 위에 페이스트리가 옮겨지도록 한다. 떨어진 사과 조각이 있으면 다시 제자리에 끼워 넣는다.

산출량: 페이스트리 1개

준비 시간: 20분

굽는 시간: 50분

준비된 러프 퍼프 페이스트리 도우 450g [152페이지 참조]

중간 크기 사과 6개 [껍질을 벗기고 씨를 뺀 다음 세로로 4등분해서 준비, 핑크 레이디처럼 단단한 품종]

무염버터 30g

그래뉴당 280g

껍질 벗겨 강판에 간 생강 1½티스푼

빻은 말린 생강 1티스푼

소금 ½티스푼

CROISSANT DOUGH

크루아상 도우는 천연 발효시킨 라미네이션 도우이다. 효모로 발효시킨 브리오슈 도우와 라미네이트된 퍼프 페이스트리 도우의 특성을 혼합한 형태라 할 수 있다. 2차 발효(가볍고 부드러운 식감을 위해)와 터닝 테크닉(더 확실하게 결결이 층을 내기 위해)을 모두 사용하기 때문에 시간이 가장 오래 소요되는 페이스트리 도우이지만 그럴 가치가 충분하다. 도우의 비율은 10플라워 : 7지방 : 6리퀴드 : ¾설탕 이다.

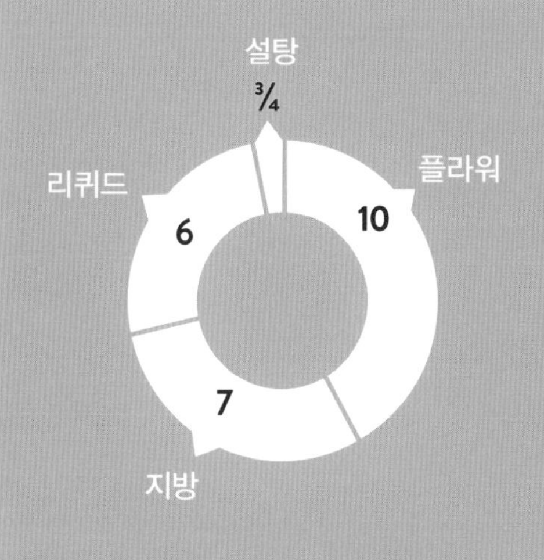

- 12 강력분
- 8 박력분
- 14 버터
- 12 우유
- 1½ 설탕

이 도우로 만들 수 있는 것들:

크루아상
팽 오 쇼콜라
시나몬 롤
속을 채운 페이스트리

크루아상 도우

산출량: 1,350g	준비 시간: 8시간	굽는 시간: 50분

도우

⑫ 우유 1½컵

활성 건조 효모 1테이블스푼

(1½) 그래뉴당 45g

② 녹인 무염버터 55g

⑫ 강력분 340g

⑧ 박력분 230g

소금 2티스푼

버터 블록

⑫ 차가운 무염버터 340g

강력분 15g

도우 반죽하기

크루아상 도우의 반죽은 손으로도 스탠드 믹서로도 할 수 있다.

손으로 반죽할 때

1. 작은 냄비에 우유를 넣는다. 중불 이상에서 표면에 얇은 막이 생기고(클립 달린 식품온도계로 80도) 김이 나며 거품이 보일 때까지 가열한다. 불에서 내려 상온에서 46도까지 식힌다.

2. 싱크대에서 뜨거운 물을 틀어 큰 볼의 외부를 덥힌다. 우유(40도~46도)를 따뜻해진 볼로 옮기고 효모를 넣은 뒤 2~3분 정도 저어 완전히 녹인다. 설탕을 더해 저어준다. 녹여놓은 버터를 저어주며 서서히 더한다. 전체가 하나로 어우러지도록 젓는다. 밀가루와 소금을 더하고, 도우가 뭉쳐지기 시작할 때까지 저어준다.

3. 밀가루를 살짝 뿌린 조리대로 옮겨서, 도우가 모양을 잡고 매끈해질 때까지 2분 정도 치댄다. 필요한 경우 손이나 조리대에 밀가루를 뿌려도 되지만 가능하면 최소량만 사용한다. 도우를 다시 볼에 넣고 키친타올로 덮어 20분간 휴지한다.

4. 밀가루를 살짝 뿌린 조리대(큰 대리석 슬랩이 가장 좋다) 위에 도우를 올리고 손으로 직사각형이 되도록 모양을 잡는다. 밀대로 30×40㎝ 크기의 직사각형으로 민다. 유산지를 깐 베이킹 시트로 조심스럽게 옮기고 키친타올을 덮는다. 20분간 휴지한다.

스탠드 믹서로 반죽할 때

1. 작은 냄비에 우유를 담는다. 중불 이상에서 표면에 얇은 막이 생기고(클립 달린 식품온도계로 80도) 김이 나며 거품이 보일 때까지 가열한다. 불에서 내려 상온에서 46도까지 식힌다.

2. 싱크대에서 뜨거운 물을 틀어 믹서의 큰 볼 외부를 덥힌다. 우유를 따뜻해진 볼에 옮기고 효모를 넣은 뒤 2~3분 정도 저어 완전히 녹인다. 설탕을 더해 젓는다. 녹여놓은 버터를 저어주며 서서히 더한다. 전체가 하나로 어우러지도록 저어준다. 밀가루와 소금을 더한다.

3. 믹서에 반죽기 후크를 끼운 뒤에 최저속으로 1~2분, 또는 도우가 뭉쳐지기 시작해 얼추 공 모양이 잡힐 때까지 돌린다. 도우에 키친타올을 덮고 볼에서 20분간 휴지한다.

4. 밀가루를 살짝 뿌린 조리대(큰 대리석 슬랩이 가장 좋다) 위에 도우를 올리고 손으로 직사각형이 되도록 모양을 잡는다. 밀대로 30×40㎝ 크기의 직사각형으로 민다. 유산지를 깐 베이킹 시트로 조심스럽게 옮기고 키친타올을 덮는다. 20분간 휴지한다.

버터 블록 만들기

버터 블록을 만들 때는 손으로도 스탠드 믹서로도 할 수 있다.

손으로 만들 때

1. 단단하고 차가운 조리대(냉각시킨 대리석 슬랩이 가장 좋다)에 버터를 놓고 손바닥으로 눌러(몸 쪽에서 바깥쪽으로 미는 동작) 부드럽게 만든다. 버터를 다시 모아서 동일한 과정을 반복한다. 버터가 차가움을 유지하고는 있지만 말랑해져서 다루기 쉬워질 때까지 계속한다. 밀가루를 더한 뒤, 잘 어우러질 때까지 치댄다.

2. 버터 덩어리를 15㎝ 크기의 정사각형으로 만든다. 유산지 위에 올리고, 위에도 유산지를 덮는다. 밀대로 25×30㎝ 크기의 직사각형으로 민다. 냉장고에 30분간, 또는 단단해질 때까지 넣어둔다.

스탠드 믹서로 만들 때

1. 믹서에 혼합기 후크를 끼우고 버터가 으깨질 때까지 저속으로 돌리다가, 속도를 올려서 말랑해지기 시작할 때까지 돌린다. 밀가루를 더해 계속 돌린다.

2. 스페튤라를 이용해 버터 덩어리를 유산지 위로 옮긴 뒤, 손으로 15㎝ 크기의 정사각형으로 모양을 잡는다. 위에도 유산지를 덮어주고, 밀대를 사용해 25×30㎝ 직사각형 모양으로 민다. 냉장고에 30분간, 또는 단단해질 때까지 넣어둔다.

크루아상 만들기

1. 버터 블록을 냉장고에서 꺼낸다. 밀가루를 살짝 뿌린 조리대에 도우를 올리고, 짧은 쪽을 몸 쪽 가까이에 놓는다. 버터 블록을 도우의 아래쪽 가장자리에 맞춰 놓는다. 버터가 놓이지 않은 위쪽 ⅓의 도우를 접어 중간 ⅓을 덮는다. 아래쪽 ⅓의 도우를 버터 위로 접는다(편지지를 접듯이). 도우를 유산지나 키친타올로 꼭꼭 싼 뒤에 베이킹 시트 위에 올리고 25분간 냉동한다. 휴지 시간이 더 필요하면 냉장실로 옮긴다.

2. '싱글 턴' 테크닉을 할 차례이다(153페이지). 버터를 감싼 도우를 냉장고에서 꺼내 밀가루를 살짝 뿌린 표면에 올리고, 밀대를 사용해 살살 두드려준다. 도우의 중앙에서 양끝을 향하도록 한다. 밀대를 도우의 긴 쪽과 평행이 되게 한 번 두드리고, 짧은 쪽과 평행이 되게 또 한 번 두드린다. 도우를 뒤집어 이 과정을 반복한다. 말랑해지면(135페이지 도우 테스트하기 참조) 버터가 부서지지 않도록 살살 밀어 30×40㎝ 크기의 직사각형으로 만든다. 도우를 3등분하여 접고 꼭꼭 싸서 다시 냉동실에 25분간 둔다.

3. '싱글 턴' 테크닉을 2회 더 한다. 총 3회 하는 것이다.

모든 과정이 끝나면 냉동실에 25분간 두었다가, 냉장실로 옮겨 35분간 휴지한다.

4. 레시피에 따라 밀대로 밀어서 성형한다.

보관하기

크루아상 도우는 접는 단계, 성형 단계, 2차 발효 단계 등 각 단계에서 보관이 가능하다. 키친타올이나 유산지로 꼭꼭 싸서 보관하면 된다.

- 접기 전: 도우와 버터 블록을 따로 보관한다. 냉장 보관 1일.
- 접기 후: 도우와 버터 블록을 3회 접은 뒤 보관한다. 냉장 보관은 1일, 냉동 보관은 1주일.
- 성형 후: 냉장 보관은 1일, 냉동 보관은 1개월.

크루아상 도우의 조건

- **도우:** 크루아상 도우는 매우 매끄러워야 하고, 모서리와 옆면에 이르기까지 도우의 두께가 균일해야 한다. 눈에 보이는 버터는 깨지지 않고 온전해야 한다. 혹은 버터 알갱이들이 도우 전체에 골고루 퍼져 있어야 한다.
- **페이스트리:** 구운 페이스트리의 겉은 색이 진하고 쉽게 부서질 정도로 바삭하고 결결이 떨어져야 한다. 속은 더 부드럽지만 쫄깃하고 다소 불규칙하고 큰 크럼이 있어야 한다.

크루아상 도우의 기본

크루아상을 만들 때는 주방이 시원해야 한다(15도~22도가 적당하다). 특히 2차 발효 과정에서는 이것이 더욱 중요하다. 그렇지 않으면 버터가 녹아 나올 수 있다. 가능하면 도우를 차갑게 유지해야 버터와 도우의 층이 분리된 채로 유지된다.

크루아상 도우 만들기는 우유를 덥혀 효모의 작용을 방해하는 효소를 제거하는 것으로 시작된다. 그래야 도우가 효과적으로 부풀고 크럼의 질이 좋아진다. 크루아상 도우는 과하게 치대면 안 된다. 모양 잡기에 필요한 만큼만 치대도록 한다. 라미네이션 과정에서 도우를 접고 싱글 턴, 더블 턴 테크닉을 쓸 때마다 글루텐이 형성되기 때문이다.

밀기 전에 도우를 두드려주면 버터가 말랑해지고 도우가 결결이 잘 분리되어 갈라짐이 방지된다. 도우를 밀 때는 주의를 기울여 직사각형 모양을 유지해야 한다. 모서리에 특히 신경을 써서 밀어야 하고, 조리대에 뿌리는 밀가루도 최소량만 써야 한다. 접기 전에 여분의 밀가루는 제거한다. 도우를 밀기 힘들면, 유산지에 꼭꼭 싸서 20분 정도 냉장고에 둔다.

발효나 휴지 과정을 생략하거나 시간을 줄여서는 안 된다. 부풀리는 과정에서 도우의 구조와 풍미가 형성되고, 휴지 과정에서 도우 속 글루텐이 안정되고 차갑게 유지되기 때문이다.

크루아상 도우 성형하기

크루아상 도우의 가장 보편적인 형태들은 다음과 같다.

심플 롤

심플 롤(오른쪽 참조)은 직사각형의 도우를 그대로 말아놓은 것이다. 필링이나 다른 재료를 넣기 좋은 형태이다.

팽 오 쇼콜라

팽 오 쇼콜라(164페이지 참조)는 직사각형의 도우 위아래에 초콜릿을 넣고 양끝을 말아준 것이다.

크루아상

크루아상(164페이지 참조)은 삼각형의 도우를 말아 특유의 형태를 만든 것이다. 전통적으로 크루아상에는 층이 3개 있어야 한다. 크루아상의 형태에 대해서는 아직도 의견이 분분하다. 내가 가장 자주 들은 이야기는 이렇다. 초승달처럼 살짝 휜 '커브 크루아상'은 필링이 없는 플레인이고, 휘지 않은 '스트레이트 크루아상'은 필링이 들어갔다는 것이다.

그런데 최근 페이스트리 스쿨을 졸업한 한 친구의 말에 따르면, 커브 크루아상은 마가린으로 만든 것이고 스트레이트 크루아상은 버터로 만든 것이라고 한다.

크루아상 도우 굽기

버터 함량이 높은 크루아상 도우는 굽는 시간이 상당히 길다. 버터가 완전히 녹아야 하기 때문이다. 크루아상의 겉이 갈색으로 변하기 시작하면 빨리 오븐에서 꺼내고 싶겠지만 인내심을 발휘해야 한다.

크루아상 도우 안의 버터

버터의 대부분이 도우에 스며들지 않는다. 대신에 터닝(turning) 과정에서 도우의 층 사이사이에 라미네이트 된다. 이것이 도우를 부풀게 하고 결결이 떨어지는 부드러운 크럼을 형성한다.

크루아상 도우 다루기

도우를 차갑게 유지하여 버터와 도우의 층이 분리되도록 하는 것이 중요하다. 치대기, 밀기, 접기, 성형하기를 하는 중간 중간 충분한 휴지 시간을 주어야 한다. 그래야 글루텐이 안정되어 도우를 다루기가 쉬워진다. 135페이지의 도우 테스트하기에 제시된 내용을 참조한다.

쿠루아상 도우 2차 발효하기

제대로 된 모양에 풍미가 좋은 크루아상 도우를 만들기 위해서는 2차 발효가 중요하다. 도우를 차가운 상태에서 다루기 때문에 효모 발효 도우 중에서도 2차 발효 시간이 긴 편이다.

심플 롤

1

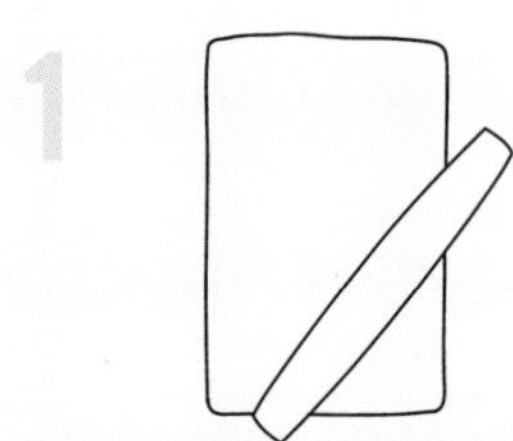

도우를 긴 직사각형 모양으로 민다. 20×45㎝보다 조금 크게 민 다음, 잘 드는 과도를 사용해 20×45㎝로 다듬는다.

2

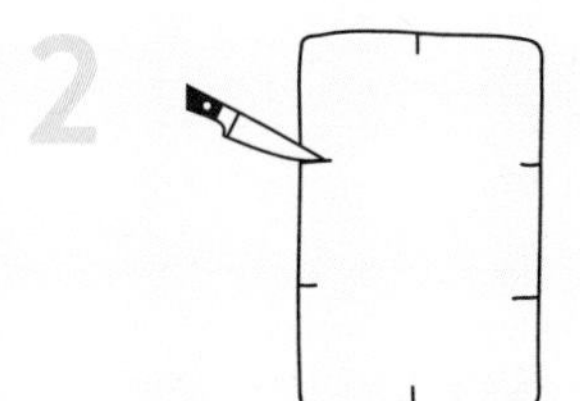

나이프로 짧은 쪽의 중앙을 표시한다. 긴 쪽은 15㎝마다 표시한다.

3

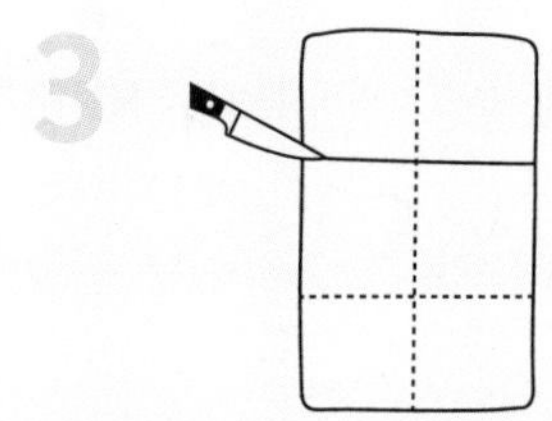

표시한 곳들을 직선으로 이어 잘라준다. 10×15㎝ 크기의 직사각형 6개가 만들어질 것이다.

4

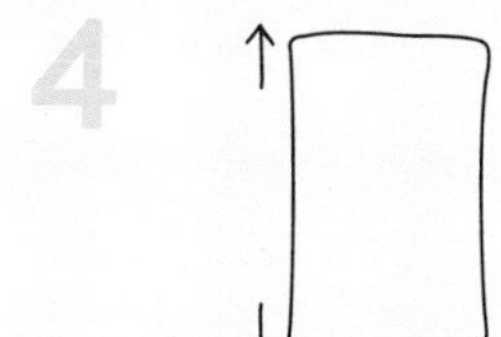

자른 도우 하나를 위아래로 잡아당겨 4㎝ 정도 늘여서, 긴 쪽이 약 20㎝가 되도록 한다.

5

짧은 쪽의 한쪽 끝단을 눌러 접어서 고정하고, 도우를 잡아당겨가며 단단하게 말아준다. 이음새가 아래로 가게 한다. 이 과정을 반복한다.

팽 오 쇼콜라

1

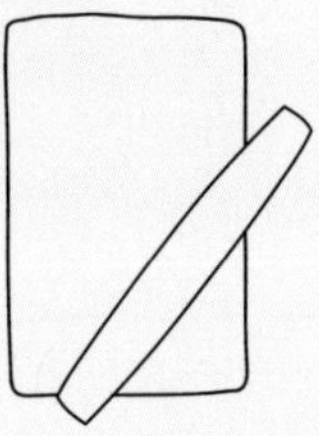

도우를 긴 직사각형 모양으로 민다. 20×45㎝보다 조금 크게 민 다음, 잘 드는 과도를 사용해 20×45㎝로 다듬는다.

2

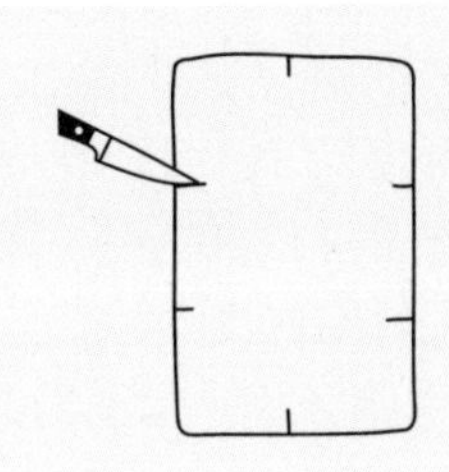

나이프로 짧은 쪽의 중앙를 표시한다. 긴 쪽은 15㎝마다 표시한다.

3

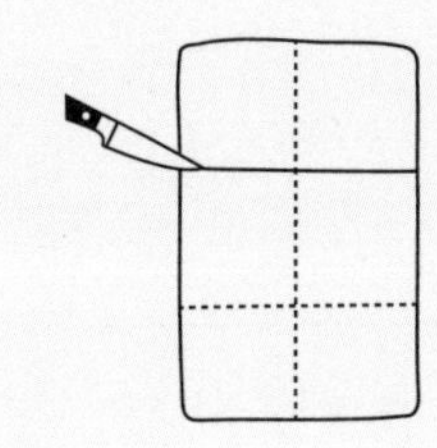

표시한 곳들을 직선으로 이어 자른다. 10×15㎝ 크기의 직사각형 6개가 만들어질 것이다.

4

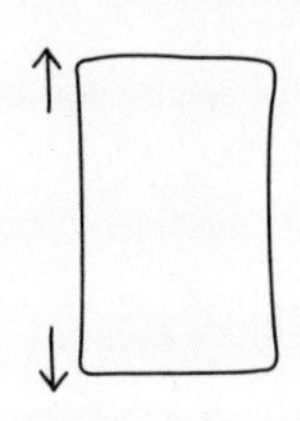

자른 도우를 하나를 위아래로 잡아당겨 4㎝ 정도 늘여서 약 20㎝ 길이로 만든다.

5

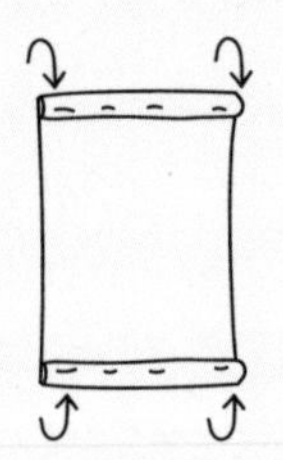

짧은 쪽 위아래 끝단을 눌러 접어서 고정한다.

6

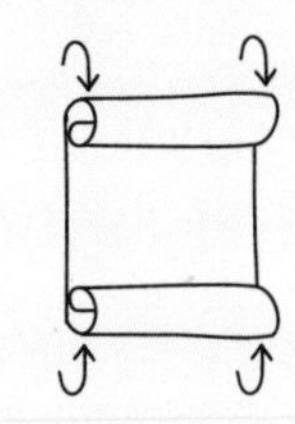

접힌 곳에 각각 초콜릿을 놓는다. 가운데를 향해 양끝을 말아준다. 굽는 동안 롤이 풀리지 않도록 이음새가 아래로 가게 한다.

크루아상

1

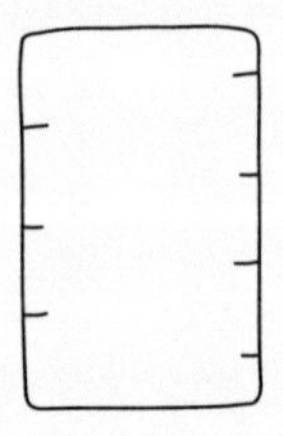

도우를 24×48㎝로 자른다. 한쪽 세로에 12㎝마다 표시하고, 다른 쪽 세로엔 처음에 6㎝에 표시한 후 12㎝마다 표시한다.

2

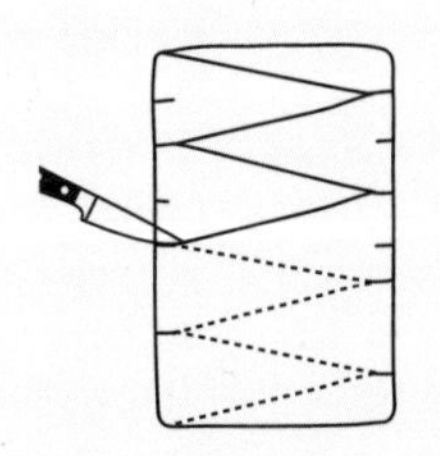

그림처럼 표시를 연결한 후에 선을 따라 잘라낸다. 각 삼각형의 밑변 중앙에 2㎝ 길이의 칼집을 낸다.

3

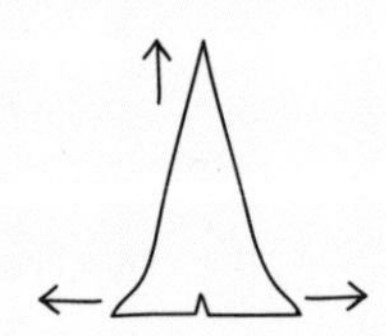

도우를 조심스레 잡아당겨 원래 크기에서 4㎝ 정도 늘인다. 높이가 28㎝, 밑변이 16㎝ 정도가 되도록 한다.

4

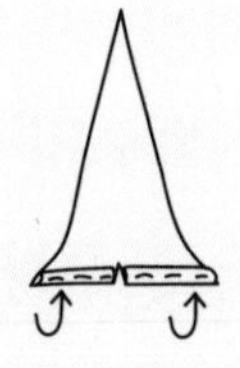

스트레이트 크루아상: 삼각형의 아래쪽을 똑바로 접는다. 접은 곳을 팽팽하게 당기면서 손바닥의 볼록한 부분으로 말아준다.

5

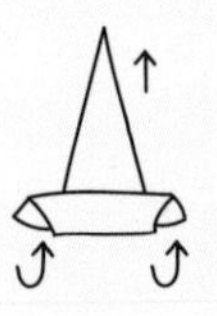

커브 크루아상: 삼각형의 아래쪽을 한쪽이 비스듬하게 접고, 4단계대로 말아준다. 앞쪽을 향해 양쪽 끝을 구부려 초승달 모양을 만든다.

6

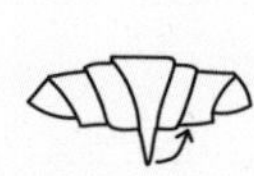

굽는 동안 풀리지 않도록, 크루아상의 뾰족한 끝이 바닥으로 가게 놓는다.

CROISSANT DOUGH RECIPES

크루아상 도우 레시피

풀리쉬 크루아상 도우

전형적인 크루아상 도우에 몇 단계를 추가해, 빵을 구울 때 보다 풍미가 좋고 강한 효모 맛이 나도록 한 것이 풀리쉬(poolish, 사전 발효란 의미다—옮긴이) 크루아상 도우이다. 다행히도, 준비 과정에서는 발효 시간과 휴지 시간을 조금만 늘리면 된다. 추가되는 과정에서는 휴지하기 전에 도우의 일부분을 좀 더 긴 시간 발효하면 된다.

산출량: 1,350g

준비 시간: 2일

굽는 시간: 45분

풀리쉬

우유 ½컵

활성 건조 효모 ½티스푼

강력분 110g

통밀가루 30g

도우

우유 1컵

활성 건조 효모 2½티스푼

그래뉴당 45g

녹인 무염버터 55g

강력분 170g

박력분 230g

통밀가루 30g

소금 2티스푼

버터 블록

차가운 무염버터 340g

강력분 15g

1. 풀리쉬 준비하기: 작은 냄비에 우유 ½컵을 담고, 표면에 얇은 막이 생기고(클립 달린 식품온도계로 80도) 김이 나며 거품이 보일 때까지 중불에서 가열한다. 불에서 내려 상온에서 46도로 식힌다.
   우유를 작은 볼에 옮겨 담고 활성 건조 효모 ½티스푼을 넣은 뒤 2분 정도 저어 완전히 녹인다. 강력분 110g과 통밀가루 30g를 저어가며 더한다. 걸쭉한 반죽이 될 때까지 젓는다. 도우를 키친타올로 덮고 따뜻한 곳(20도~30도 사이)에 8시간 둔다.

2. 도우 준비하기: 작은 냄비에 우유 1컵을 담고 얇은 막이 생길 때까지 중불로 가열한다. 불에서 내려 상온에서 46도로 식힌다. 우유를 믹서의 볼에 옮겨 담고 효모 2½티스푼을 넣은 뒤 2분 정도 저어 완전히 녹인다. 설탕, 녹인 버터, 밀가루, 소금을 더한다. 믹서에 반죽기 후크를 끼운 뒤, 저속에서 1분간 또는 도우가 겨우 뭉쳐질 때까지 돌린다. 여기에 만들어놓은 풀리쉬를 더해, 저속으로 1~2분 더 돌린다. 도우에 키친타올을 덮고 볼에서 20분간 휴지한다.

3. 밀가루를 살짝 뿌린 조리대에 도우를 올리고, 밀대를 사용해 30×40㎝ 크기의 직사각형으로 민다. 키친타올을 덮고 20분간 휴지한다. 161페이지의 설명에 따라 버터 블록을 준비하고 크루아상을 만든다.

이 도우를 시작해서 끝낼 때까지는 26시간 정도가 필요하므로, 어떻게 시간을 배분해야 할지 골치가 아플 수 있다. 아래에 2개의 시간표를 제시한다. 하나는 아침에 크루아상을 굽는 일정, 또 하나는 저녁 식사 전에 굽는 일정이다.

모닝 베이킹			
첫 날		둘째 날	
AM 8시	풀리쉬 준비하기	AM 8시	상온으로 옮겨서 발효하기
PM 4시	도우 치대기	AM 10시	굽기
PM 5시	도우 터닝 테크닉 시작		
PM 8시	도우 밀기, 성형하기 밤새 냉장고에서 발효하기		

이브닝 베이킹			
첫 날		둘째 날	
PM 8시	풀리쉬 준비하기 밤새 놔두기	AM 8시	도우 치대기
		AM 9시	도우 터닝 테크닉 시작
		AM 10시	도우밀기, 성형하기 냉장고에서 발효하기
		PM 4시	상온으로 옮겨 발효하기
		PM 6시	굽기

LA
CHAMBRE
AUX

클래식 버터 크루아상

THE RECIPE 가장 중요한 페이스트리 하나를 꼽으라면 단연 크루아상이다. 여기에 내가 가장 아끼고 가장 자주 이용하는 레시피를 소개하려고 한다. 크루아상은 매일 아침 먹어도 좋다. 어떤 날은 아몬드 크루아상을, 다른 날은 풍미 좋은 햄과 치즈를 넣은 크루아상을 즐기는 것이다. 그러나 이 클래식 버터 크루아상을 가장 자주 먹지 않을까 싶다.

THE RATIO 클래식 크루아상은 100% 도우로 만들어진다. 도우만으로도 얼마나 훌륭한 페이스트리가 되는지를 보여주는 완벽한 예이다.

산출량: 크루아상 7개

준비 시간: 8시간

굽는 시간: 30분

준비된 크루아상 도우 1,350g [160페이지 참조]

달걀물 1개 분량

1. 164페이지의 설명에 따라 준비된 도우를 크루아상 모양으로 만든다. 베이킹 시트를 깔고 도우가 서로 닿지 않도록 가지런히 놓는다. 뾰족한 끝 부분이 바닥으로 가게 한다. 발효 용기나 비닐백에 넣어(120~121페이지 참조) 4시간, 또는 원래 크기의 2배로 부풀고 아주 말랑해질 때까지 2차 발효시킨다. 한 시간마다 물을 살짝 스프레이해준다. 도우를 눌러 보면 작은 자국이 남아 쉽게 다시 올라오지 않을 것이다.

2. 랙을 오븐의 중앙에 놓고 오븐을 220도로 예열한다. 브러시로 달걀물을 크루아상에 바른다. 오븐에 베이킹 시트를 넣고 200도로 내린다. 10분간 구운 뒤 팬을 돌려준다. 15~20분, 또는 크루아상의 껍질이 진한 갈색을 띠고 윤기가 돌며, 아주 가벼운 질감이 느껴지고, 뒤집었을 때 약간 건조해 보일 때까지 굽는다.

3. 다룰 수 있을 때까지 크루아상을 베이킹 시트에서 식힌다. 식힘망으로 옮겨 완전히 식힌 뒤 낸다.

TIP 크루아상의 껍질이 연한 색을 내기 원한다면, 달걀노른자는 빼고 흰자만으로 달걀물을 만들어 발라주면 된다.

팽 오 쇼콜라

16:1

THE RECIPE 이 전통적인 레시피는 작은 초콜릿 바 2개를 크루아상 도우에 말아 넣는 방법을 사용한다. 맛있는 초콜릿이 트위스트 되어 특유의 팔미에(palmier) 모양을 만든다.

THE RATIO 이 레시피에서는 도우와 필링의 비율이 16:1이다.

1. 164페이지의 설명에 따라 준비된 도우를 팽 오 쇼콜라 형태로 만든 후, 베이킹 시트에 서로 닿지 않도록 가지런히 놓는다. 양쪽의 접힌 부분이 아래로 가게 놓는다. 발효 용기나 비닐에 넣어(120~121페이지 참조) 2~4시간, 또는 원래 크기의 2배가 되고 아주 말랑해질 때까지 부풀린다. 1시간마다 물을 살짝 스프레이해준다. 도우를 눌러보면 쉽게 올라오지 않고 작은 자국이 남을 것이다.

2. 오븐 중앙에 랙을 놓고 220도로 예열한다. 브러시로 달걀물을 발라준다. 베이킹 시트를 오븐에 넣고 온도를 200도로 내린다. 10분간 구운 뒤 팬을 돌린다. 15~20분간 또는 팽 오 쇼콜라의 껍질이 진한 갈색을 띠면서 윤기가 돌고, 뒤집었을 때 매우 가볍고 건조한 느낌이 들 때까지 굽는다.

3. 다룰 수 있을 때까지 베이킹 시트에서 식힌다. 식힘망으로 옮겨 완전히 식힌 뒤에 낸다.

TIP 이 레시피에서는 어떤 종류의 초콜릿을 사용해도 괜찮다. 나는 카카오 함량이 60~70% 정도 되는 다크 초콜릿을 선호한다. 15g짜리 작은 초콜릿 바를 구하기 힘들면, 대용량의 다크 초콜릿을 적당한 크기로 잘라서 사용하면 되다.

산출량: 페이스트리 6개

준비 시간: 8시간

굽는 시간: 30분

준비된 크루아상 도우1,350g [160페이지 참조]

다크 초콜릿 바 12개(15g짜리)

달걀물 1개 분량

오렌지 시나몬 롤 or 허니 번

8:3

THE RECIPE 거의 모든 도우를 사용해 시나몬 롤(지역에 따라 '허니 번'이라고도 부른다)을 만들 수 있다. 부드럽고 매우 섬세한 브리오슈 시나몬 롤(129페이지)에 비해, 이 레시피의 크럼은 결결이 떨어지고 좀 더 단단하다. 경쾌한 맛의 오렌지 제스트를 가미한 필링에 허니 버터 글레이즈를 더해 색다른 시나몬 롤을 만들어보자.

THE RATIO 이 레시피에서는 도우와 추가 재료의 비율이 8:3이다.

산출량: 시나몬 롤 12개

준비 시간: 8시간

굽는 시간: 55분

준비된 크루아상 도우 1,350g

녹인 무염버터 55g

그래뉴당 230g [나누어서 사용]

꿀 60㎖

연한 옥수수 시럽 45g

달걀물 1개 분량

빻은 시나몬 1테이블스푼

강판에 간 오렌지 제스트 1테이블스푼 (작은 오렌지 1개 분량)

1. 20×30㎝ 크기의 베이킹 시트에 유산지를 깔아둔다. 허니 버터를 만들기 위해 버터, 설탕 140g, 꿀, 옥수수 시럽, 물 1테이블스푼을 작은 냄비에 넣고 자주 저어주며 끓인다. 끓기 시작하면 1분간 더 끓인 뒤 불에서 내려 한쪽에 둔다.

2. 밀가루를 살짝 뿌린 조리대에 도우를 올리고 밀대로 30×40㎝ 크기의 직사각형으로 민다. 짧은 쪽을 몸 가까이에 둔다. 브러시로 달걀물을 도우에 얇게 펴 바른다. 남은 달걀물은 냉장고에 넣어둔다. 도우에 나머지 설탕 90g, 시나몬, 오렌지 제스트를 뿌려준다.

3. 도우를 말 때는 몸에서 먼 쪽에서 시작해 몸 쪽에서 끝낸다. 여며진 끝자락이 아래로 가게 놓아 롤이 풀리지 않게 한다. 도우를 12등분한다(반으로 자른 뒤 다시 반으로 잘라, 4개로 나눈 도우를 각각 3등분한다).

4. 준비된 베이킹 시트 위에 도우를 4개씩 3줄로 가지런히 놓는다. 사이사이에 3~5㎝ 간격을 두어야 한다. 도우를 키친타올로 덮고 따뜻한 곳(20~30도 사이)에서 3~4시간 동안, 또는 원래의 2배 크기가 되고 각 도우가 서로 닿을 정도까지 부풀린다.

5. 오븐 중앙에 랙을 놓고 220도로 예열한다. 브러시로 달걀물을 바른다. 오븐에 베이킹 시트를 넣고 온도를 200도로 내린다. 20분간 구운 뒤에 팬을 돌린다. 20~25분간 또는 껍질이 진한 갈색을 띨 때까지 굽는다. 잠시 식힌 다음, 따뜻할 때 허니 버터 글레이즈를 뿌려서 낸다.

응용 레시피

블루베리 크루아상 머핀: 도우를 20×30㎝ 크기의 직사각형으로 민다. 브러시로 도우에 달걀물을 얇게 펴 바른다. 그래뉴당 55g과 신선한 블루베리 110g을 뿌려준다. 옆 페이지의 설명대로 말아서 자른다. 기름을 바른 머핀 팬에 도우를 넣고 키친타올로 덮거나 발효 용기에 넣어 3~4시간 동안, 또는 도우가 원래 크기의 2배가 될 때까지 부풀린다. 옆 페이지의 설명대로 굽는다.

펠리노 살라미와 마혼 치즈를 넣은 크루아상

THE RECIPE 크루아상에는 어떤 토핑, 어떤 필링도 잘 어울린다. 쿠루아상을 반 갈라서 속에 무언가를 채워 샌드위치처럼 즐길 수도 있다. 지금 소개하는 풍미 좋은 쿠루아상은 2가지 장점을 모두 살렸다. 샌드위치의 속을 아예 채워서 굽는 크루아상 레시피다.

THE RATIO 이 레시피에서는 도우와 필링의 비율이 12:1이다.

산출량: 크루아상 7개

준비 시간: 8시간

굽는 시간: 30분

준비된 크루아상 도우 1,350g [160페이지 참조]

얇게 슬라이스한 펠리노 살라미 55g

얇게 슬라이스한 마혼 치즈 55g

달걀물 1개 분량

1. 164페이지의 설명에 따라, 준비된 도우를 크루아상 모양으로 만든다. 도우를 늘여준 후에, 각 삼각형에 살라미와 치즈 몇 장씩을 올리고 조심스럽게 단단히 말아준다.

2. 베이킹 시트 위에 크루아상을 서로 닿지 않게 가지런히 놓는다. 뾰족한 끝이 아래로 가게 한다. 발효 용기나 비닐에 넣어(120~121페이지 참조) 2~4시간 동안, 또는 원래 크기의 2배가 되고 아주 말랑해질 때까지 부풀린다. 1시간마다 물을 살짝 스프레이해준다. 도우를 눌러보면 쉽게 다시 올라오지 않고 작은 자국이 남을 것이다.

3. 오븐의 중앙에 랙을 놓고 220도로 예열한다. 브러시로 달걀물을 바른다. 오븐에 베이킹 시트를 넣고 온도를 200도로 내린다. 10분간 구운 뒤 팬을 돌린다. 15~20분간 또는 크루아상의 껍질이 진한 갈색을 띠면서 윤기가 돌고, 뒤집었을 때 매우 가볍고 건조한 느낌이 들 때까지 굽는다.

4. 다룰 수 있을 때까지 크루아상을 베이킹 시트에서 식힌다. 식힘망으로 옮겨 완전히 식힌 후 낸다.

가공 돈육과 치즈

펠리노는 마늘과 화이트 와인으로 맛을 낸 부드러운 향의 살라미를 말하는데, 이탈리아 펠리노 지방이 원산지다. 지방 함량은 70%이고 벤치 컷(bench cuts), 즉 다양한 남은 부위들로 만들어진다. 이 레시피에는 향이 강하지 않은 모든 살라미를 사용할 수 있고, 카포콜로 등의 가공육으로도 대체할 수 있다.

마혼 치즈는 스페인이 원산지로 소젖으로 만든다. 맛이 강하고 고소하며 짭짤한 것이 특징이다. 이 풍미 좋은 크루아상의 레시피에는 맛이 강하고 오래 숙성시킨 화이트 체다 치즈 혹은 소젖으로 만든 다른 크리미한 치즈를 사용해도 좋다.

응용 레시피

후추로 맛을 낸 브라운 버터 크루아상: 살라미와 치즈를 뺀다. 말기 전에 각 삼각형에 갓 빻은 후추를 솔솔 뿌린다. 굽기 전에 달걀물 대신 브라운 버터를 크루아상 위에 펴 바른다.

타임과 선 드라이 토마토를 넣은 크루아상: 살라미와 치즈를 뺀다. 말기 전에 각 삼각형에 신선한 타임 다진 것 1테이블스푼과 말린 토마토 다진 것 55g을 올린다.

DANISH DOUGH

데니시 도우는 천연 발효시킨 라미네이션 도우의 한 종류이다. '싱글 턴(3등분 접기)' 테크닉을 4회 반복함으로써 총 243개의 섬세한 결을 만들어낸다. 크루아상 도우와 비슷하지만, 데니시 도우에는 달걀이 첨가되고 접는 과정이 1회 추가된다. 결이 더욱 많아져 한결 가볍고 부드러운 크럼이 만들어지는 것이다. 도우의 비율은 10플라워 : 7지방 : 6리퀴드 : 1설탕 : 1⅓달걀이다.

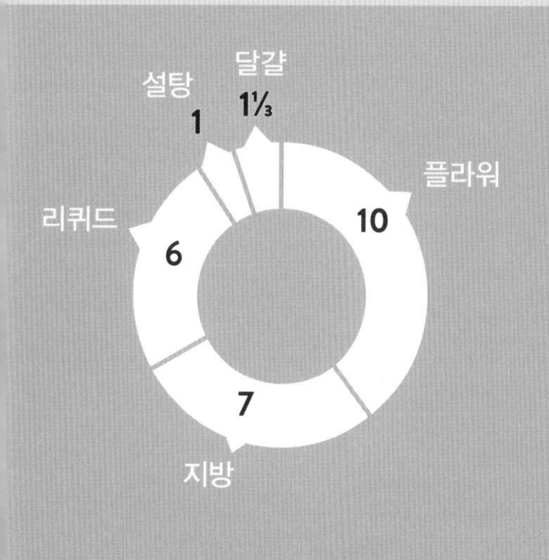

- 12 박력분
- 8 강력분
- 14 버터
- 12 우유
- 2 설탕
- 2⅔ 달걀

이 도우로 만들 수 있는 것들:

데니시 류
포켓
슈트루델
베어 클로
콤
트위스트
브레이드

데니시 도우

산출량: 1,350g	**준비 시간:** 8시간	**굽는 시간:** 상황에 따라

도우

⑫ 우유 1½컵

활성 건조 효모 1테이블스푼

② 그래뉴당 55g

②⅔ 달걀 1개와 달걀 노른자 1개 [상온 보관]

② 녹인 무염버터 55g

⑫ 박력분 340g

⑧ 강력분 230g

소금 1티스푼

버터 블록

⑫ 차가운 무염버터 340g

강력분 15g

도우 반죽하기

데니시 도우를 반죽할 때는 손으로도 스탠드 믹서로도 할 수 있다.

손으로 반죽할 때

1. 작은 냄비에 우유를 담고 중불에서 표면에 얇은 막이 생기고(클립 달린 식품 온도계로 80도) 김이 나며 거품이 보일 때까지 가열한다. 불에서 내려 상온에서 46도로 식힌다.

2. 싱크대에서 뜨거운 물을 받아 큰 볼의 외부를 덥힌다. 따뜻한 우유(40~46도)를 볼에 옮기고 효모를 넣은 뒤 2~3분간 저어 완전히 녹인다. 설탕, 달걀, 달걀노른자를 더하고 잘 어우러질 때까지 젓는다. 여기에 녹인 버터를 저어가며 서서히 더한다. 하나로 어우러지면 밀가루와 소금을 더한다. 도우가 겨우 뭉쳐지기 시작할 때까지 스푼으로 젓는다.

3. 밀가루를 충분히 뿌린 조리대에 도우를 올린다. 필요하면 밀가루를 더 뿌려가며 2~4분 동안, 또는 도우가 매끈하게 모양을 유지할 때까지 치댄다. 도우를 다시 볼로 옮기고 물에 살짝 적신 키친타올을 덮은 뒤 20분간 휴지한다.

4. 밀가루를 충분히 뿌린 조리대 위에(큰 대리석 슬랩이 가장 좋다) 도우를 올려, 손으로 대충 직사각형 모양을 만든다. 밀대를 이용해 도우를 30×40㎝ 크기의 직사각형으로 민다. 유산지를 깐 베이킹 시트로 조심스럽게 옮긴다. 키친타올을 덮어 20분간 휴지한다.

스탠드 믹서로 반죽할 때

1. 작은 냄비에 우유를 담고 중불에서 표면에 얇은 막이 생기고(클립 달린 식품온도계로 80도) 김이 나며 거품이 보일 때까지 가열한다. 불에서 내려 상온에서 46도로 식힌다.

2. 싱크대에서 뜨거운 물을 받아 스탠드 믹서의 큰 볼 외부를 덥힌다. 따뜻한 우유(40~46도)를 볼에 옮기고 효모를 넣은 뒤 2~3분간 저어 완전히 녹인다. 설탕, 달걀, 달걀노른자를 더하고 잘 어우러질 때까지 젓는다. 여기에 녹인 버터를 저어가며 서서히 더한다. 하나로 어우러지면 밀가루와 소금을 더한다.

3. 믹서에 반죽기 후크를 끼운 뒤에 저속으로 2분간, 또는 도우가 겨우 뭉쳐져 작은 공의 형태가 될 때까지 돌린다. 물에 살짝 적신 키친타올로 도우를 덮고, 볼에서 20분간 휴지한다.

4. 밀가루를 충분히 뿌린 조리대 위에(큰 대리석 슬랩이 가장 좋다) 도우를 올려, 손으로 대충 직사각형 모양을 만든다. 밀대를 이용해 도우를 30×40㎝ 크기의 직사각형으로 민다. 유산지를 깐 베이킹 시트로 조심스럽게 옮긴다. 키친타올을 덮어 20분간 휴지한다.

버터 블록 만들기

버터 블록은 손으로도 스탠드 믹서로도 만들 수 있다.

손으로 만들 때

1. 단단하고 차가운 조리대(냉각시킨 대리석 슬랩이 가장 좋다)에 버터를 놓고 손바닥으로 눌러(몸 쪽에서 바깥쪽으로 미는 동작) 부드럽게 만든다. 버터를 다시 모으고 동일한 과정을 반복한다. 버터가 차가움을 유지하고는 있지만 말랑해져서 다루기 쉬워질 때까지 계속한다. 밀가루를 더한 뒤 잘 어우러질 때까지 치댄다.

2. 손으로 대충 15×20㎝ 크기의 직사각형으로 만든다. 유산지 위에 버터 블록을 올리고 그 위에 유산지를 덮는다. 밀대를 사용해 30×25㎝의 직사각형으로 민다. 냉장고에 30분간, 또는 단단해질 때까지 둔다.

스탠드 믹서로 만들 때

1. 믹서에 혼합기 후크를 끼우고 버터가 부서질 때까지 저속으로 돌린다. 중고속으로 속도를 올리고 물렁해지기 시작할 때까지 돌린다. 밀가루를 더해서 다시 돌려준다.

2. 스페튤라를 사용해 버터를 유산지 위로 옮긴 뒤, 손으로 15×20㎝ 크기의 직사각형으로 만든다. 다른 유산지를 위에 덮고, 밀대를 사용해 30×25㎝의 직사각형으로 민다. 냉장고에 30분간, 또는 단단해질 때까지 둔다.

데니시 도우 만들기

1. 밀가루를 살짝 뿌린 조리대 위에 도우를 옮긴다. 도우의 위쪽 가장자리에 맞춰 버터 블록을 놓는다. 버터가 놓이지 않은 아래쪽 ⅓의 도우를 접어 중간 ⅓을 덮는다. 위쪽 ⅓의 도우를 아래로 접어준다(편지지를 세 번 접는 것처럼). 도우를 유산지나 키친타올로 꼭꼭 싼 뒤에 베이킹 시트 위에 올려 25분간 냉동한다. 더 휴지시켜야 한다면 냉장실로 옮긴다.

2. 밀가루를 살짝 뿌린 조리대에 도우를 올린다. 밀대를 사용해 도우를 살살 두드려준다. 도우의 중앙에서 양 끝으로 두드린다. 밀대가 도우의 긴 쪽과 평행이 되게 한 번 두드리고, 짧은 쪽과 평행이 되게 또 한 번 두드린다. 도우를 뒤집어 도우와 버터가 말랑해질 때까지 이 과정을 반복한다. (도우를 눌러 버터 층에 손가락이 닿았을 때 단단한 느낌이 없을 때까지 계속한다.) 버터가 부서지지 않도록 주의하며, 도우를 30×40㎝ 크기의 직사각형으로 살살 민다. 도우를 삼등분하여 편지지처럼 접는 '싱글 턴' 테크닉을 한다(153페이지 참조). 꼭꼭 싸서 다시 냉동실에 25분간 둔다.

3. 위의 단계를 3회 더 한다. 총 4회의 '싱글 턴' 테크닉을 하는 것이다. 4회째의 냉동실 휴지 과정이 끝나면 냉장실로 옮겨 35분간 더 둔다. 레시피에 따라 도우를 밀고 성형한다.

보관하기

데니시 도우는 접는 단계, 성형 단계, 2차 발효 단계 등 여러 단계에서 보관할 수 있다. 키친타올이나 유산지에 꼭꼭 싸서 보관한다.

- **접기 전:** 도우를 버터 블록과 함께 접지 않았다면 따로 보관한다. 냉장 보관 1일.
- **접기 후:** 도우와 버터 블록을 3회 접은 뒤 보관한다. 냉장 보관 1일, 냉동 보관 1주일.
- **성형 후:** 냉장 보관 1일, 냉동 보관 1개월.

데니시 도우의 조건

- **도우:** 데니시 도우는 매우 부드럽고 매끄러워야 한다. 도우를 밀고 모양을 잡기 전엔 매우 끈적거리고, 접는 과정 내내 부드러움을 유지할 것이다. 조리대나 밀대에 붙지 않게 하려면 다른 도우에 비해 많은 밀가루를 사용해야 한다.
- **페이스트리:** 구운 데니시 페이스트리의 겉은 황금빛 내지 갈색을 띠고, 어느 정도 바삭하고 결결이 잘 떨어진다. 속은 쫀득하지만 여전히 가볍고 부드럽다.

데니시 도우 다루기

크루아상 도우를 다룰 때와 마찬가지로 아주 차갑게 유지하여 버터와 도우의 층이 따로 유지되도록 해야 한다. 치대기, 접기, 성형하기를 하는 중간 중간 충분한 휴지 시간을 주어야 한다. 135페이지의 도우 테스트하기를 참조한다.

크루아상 도우 VS. 데니시 도우

언뜻 보기에 두 도우엔 차이가 없다. 그러나 맛을 보면 확연히 다른 점들을 발견하게 된다. 데니시 도우에 함유된 달걀과 설탕이 더욱 진하고 달콤한 풍미와 부드러운 크럼을 제공한다. 밀가루의 비율 역시 다르다. 박력분의 비율이 상대적으로 높은 데니시 도우는 크루아상 도우에 비해 식감과 크럼이 좀 더 부드럽다. 또한 데니시 도우는 싱글 턴 테크닉을 1회 더 하므로 크루아상에 비해 더 많은 층을 갖고 있다.

만약 크루아상 도우의 식감을 좋아한다면, 이 장에 수록된 레시피에서 데니시 도우를 크루아상 도우로 바꿔도 된다. 여기 제시한 토핑이나 필링과도 아주 잘 어울린다.

데니시 도우 안의 버터

퍼프 페이스트리나 크루아상 도우와 마찬가지로, 데니시 도우 안의 버터도 대부분 도우에 스며들지 않는다. 접는 과정을 통해 도우와 겹겹이 라미네이트 된다. 이것이 도우를 부풀게 하고 결결이 떨어지는 부드러운 크럼을 만든다.

데니시 도우 2차 발효하기

효모로 부풀린 다른 도우처럼, 데니시 도우를 풍미 가득하고 제대로 된 모양의 페이스트리로 만들려면 잘 부풀려야 함은 물론 2차 발효 과정을 거쳐야 한다. 도우를 2차 발효시키는 방법은 121페이지를 참조한다.

데니시 도우 성형하기

데니시는 다양한 형태로 만들어지는데, 대부분 필링을 넣을 수 있도록 고안되었다. 전통적인 달팽이 모양뿐 아니라 곰 발바닥 모양, 빗 모양 등으로 다양하다. 차갑게 보관하고, 충분히 휴지하고, 조심스럽게 다룬다는 원칙만 지킨다면 데니시 도우는 어떤 모양으로 만들어도 작업이 수월하다.

달팽이 모양

1

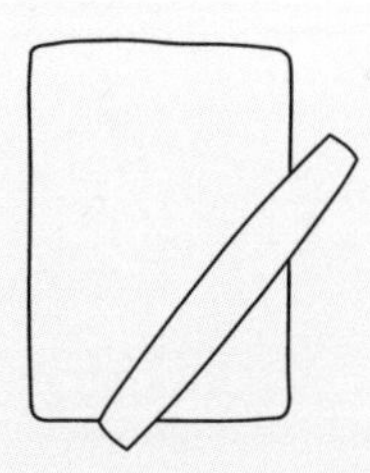

도우를 직사각형으로 밀고, 잘 드는 칼을 사용해 30×45㎝ 크기로 다듬는다.

2

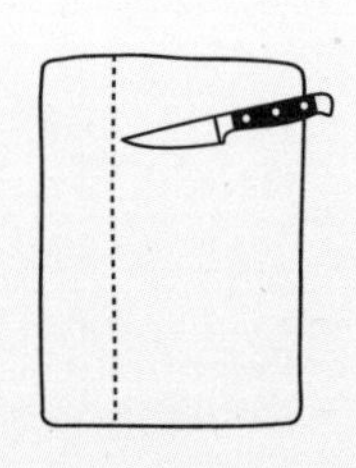

2.5×45㎝의 긴 띠 12개로 자른다.

3

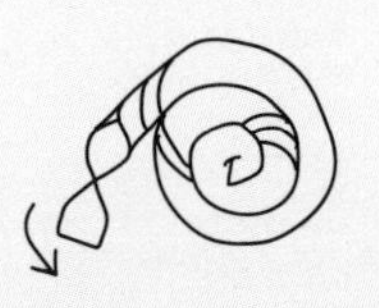

띠 하나를 단단히 꼬아준다. 꼬아놓은 띠를 동그랗게 말고 끝부분을 중심의 아래에 넣는다. 같은 방법으로 나머지 띠들도 꼬아서 붙인다.

포켓 모양

1

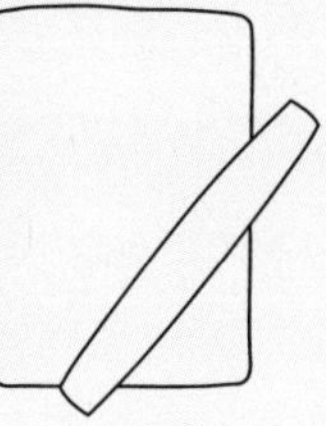

도우를 30×45㎝ 보다 약간 큰 직사각형으로 민다. 잘 드는 칼을 사용해 30×45㎝ 크기로 다듬는다.

2

도우를 15㎝ 정사각형 6개로 자른다.

3

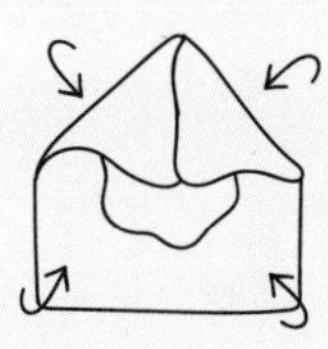

각 정사각형의 중앙에 필링을 올린다. 중앙을 향해 각 모서리를 접는다. 접을 때는 서로 살짝 겹치도록 한다.

슈트루델

1

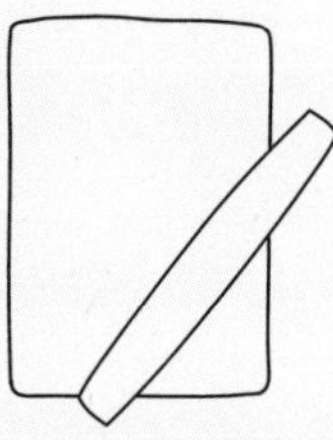

도우를 30×45㎝보다 약간 큰 직사각형으로 민다. 잘 드는 칼을 사용해 30×45㎝ 크기로 다듬는다.

2

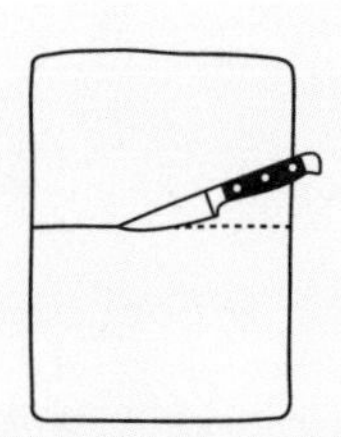

도우를 그림처럼 직사각형 2개로 자른다.

3

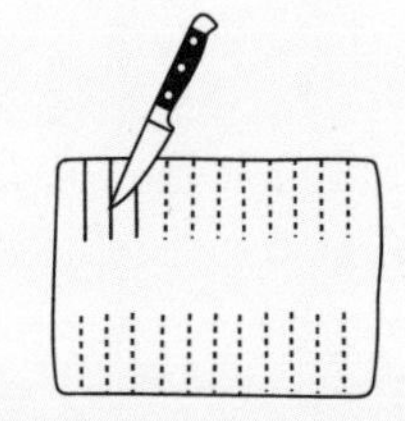

도우의 양쪽 긴 면에 7㎝ 길이의 칼집을 11개씩 낸다. 작은 조각 12개가 몸통의 위아래에 붙어 있는 형태가 될 것이다.

4

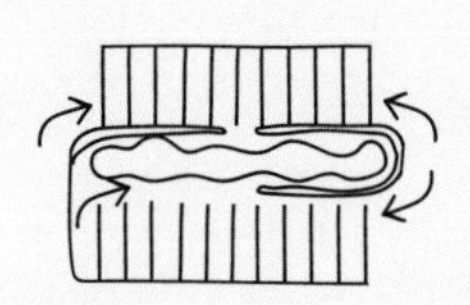

도우 가운데에 필링을 올린다. 각 모서리 쪽 조각 4개를 안쪽을 향해 접어 테두리를 만든다.

5

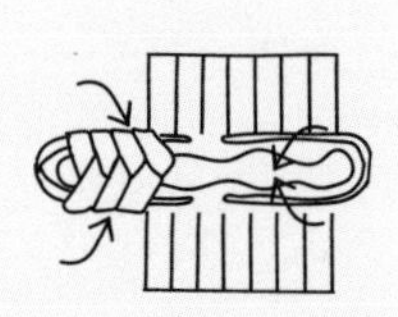

나머지 조각들을 양쪽으로 번갈아가며 겹치게 덮어준다.

곰 발바닥 모양(베어 클로)

1

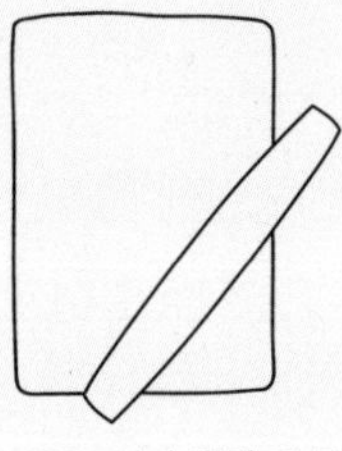

도우를 30×45㎝ 보다 약간 큰 직사각형으로 민다. 잘 드는 칼을 사용해 30×45㎝ 크기로 다듬는다.

2

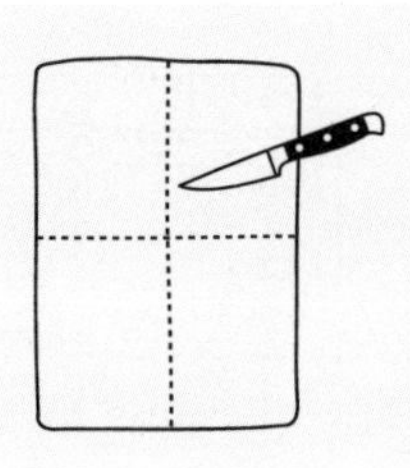

도우를 그림처럼 직사각형 4개로 자른다.

3

도우의 양쪽 긴 면에 5㎝ 길이의 칼집을 4개씩 낸다. 조각 5개가 몸통의 위아래에 붙어 있는 형태가 될 것이다.

4

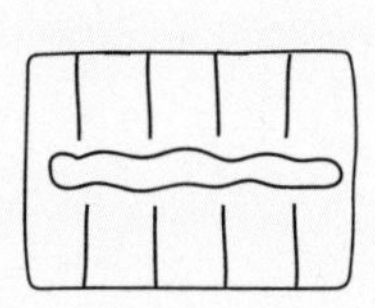

도우 가운데에 1.3㎝ 두께로 필링을 올린다. 조각들과 필링 사이에 2㎝의 공간을 남긴다.

5

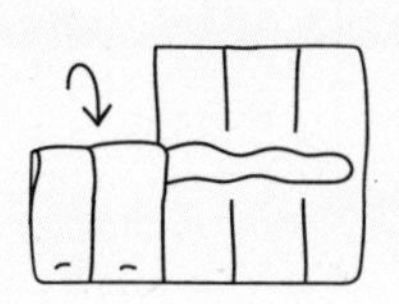

위쪽 조각을 접고, 위아래 조각의 끝을 함께 눌러 닫는다.

6

각 조각들을 펼쳐서 반원형에 가까운 곰 발바닥 모양을 만든다.

빗 모양(콤)

1

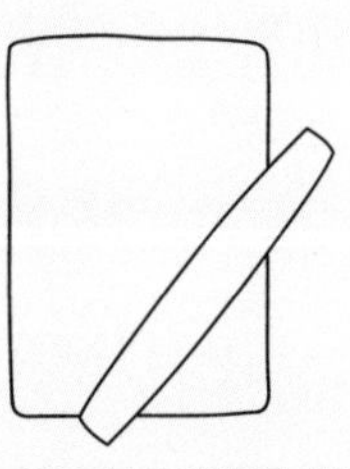

도우를 30×45㎝ 보다 약간 큰 직사각형 모양으로 민다. 잘 드는 칼을 사용해 30×45㎝ 크기로 다듬는다.

2

도우를 그림처럼 직사각형 4개로 자른다.

3

도우의 긴 면 위아래에 4㎝ 길이의 칼집을 11개 낸다. 작은 조각 12개가 몸통 위아래에 붙어 있는 형태가 될 것이다.

4

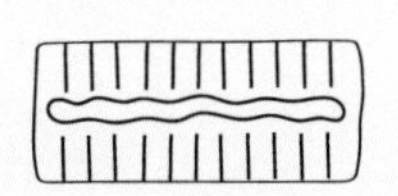

도우 가운데에 필링을 올린다. 필링과 조각들 사이에 1.3㎝의 공간을 둔다.

5

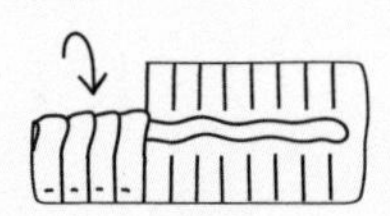

위쪽 조각을 아래로 접고, 위아래 조각의 끝을 함께 눌러 닫는다.

DANISH DOUGH RECIPES

데니시 도우 레시피

체리 치즈케이크 데니시

2:1

THE RECIPE 체리 필링과 치즈케이크 필링의 조합을 처음 시도해본 것은 시나몬 롤이었는데, 즉시 그 매력에 빠지고 말았다. 또한 시나몬 롤에 2가지 재료의 걸쭉한 필링을 넣는 것이 얼마나 까다롭고 힘든 작업인지도 알게 되었다. 데니시는 그 자체로도 맛있지만, 이 훌륭한 조합을 쉽게 담을 수 있는 용기 역할도 해준다.

THE RATIO 이 레시피에서는 도우와 필링의 비율이 2:1이다.

산출량: 데니시 12개

준비 시간: 8시간

굽는 시간: 35분

준비된 데니시 도우 1,350g

치즈케이크 필링 340g [아래 레시피 참조]

체리 필링 340g [63페이지 클래식 체리 핸드 파이 레시피 참조]

달걀물 1개 분량

1. 준비된 데니시 도우로 달팽이 모양 12개를 만든다(181페이지 참조). 유산지를 깐 베이킹 시트 위에 도우를 올리고, 키친타올로 덮거나 발효 용기(120~12 페이지)에 넣는다. 1시간 동안 2차 발효한다.

2. 오븐을 190도로 예열한다. 데니시의 가운데에 치즈케이크 필링 1스쿱과 체리 필링 1스쿱을 올린다. 브러시를 이용해 도우의 드러난 부분에 달걀물을 바른다.

3. 35분간 또는 껍질이 진한 황금빛을 띨 때까지 굽는다. 완전히 식힌 후 낸다.

치즈케이크 필링

상온에 둔 크림치즈 230g과 그래뉴당 55g을 꼼꼼하게 섞어준다. 옥수수 전분 15g을 더하고 완전히 어우러질 때까지 섞는다. 바닐라 추출액 ½티스푼과 달걀 1개를 더하고 어우러질 때까지 다시 잘 섞는다. 사워크림 30g을 더하고 완전히 어우러질 때까지 섞는다. 냉장고에 두었다가 사용한다. 산출량은 340g. 이 치즈케이크 필링은 데니시뿐 아니라 어떤 페이스트리에 넣어도 좋은 결과를 얻는다. 이 필링을 기본으로 전통적인 치즈케이크를 만들 수도 있다. (레시피를 2배 분량으로 늘인다. 지름 23㎝ 크기의 크럼 크러스트에 필링을 붓고 180도에서 1시간 정도 굽는다.)

메이플 시럽 브레이드 데니시

16:1

THE RECIPE 메이플 시럽은 단순히 팬케이크 위에 뿌려 먹는 것 외에도 다양하게 활용된다. 쿠키나 케이크 반죽에도 들어가고, 다양한 디저트에 발라 독특하고 달콤한 풍미를 더하기도 한다. 이 레시피에서는 맛있는 도우와 메이플 시럽이 심플한 페이스트리를 더욱 돋보이게 해준다.

THE RATIO 이 레시피에서는 도우와 필링의 비율이 16:1이다.

1. 6개의 브레이드를 만들 수 있도록, 준비된 데니시 도우를 긴 띠로 자른다. 도우를 땋기 전에, 브러시로 각 띠에 메이플 시럽을 바르고 그 위에 갈색설탕과 넛맥을 뿌린다. 남은 메이플 시럽은 잘 보관한다. 122페이지의 설명에 따라 도우를 땋는다. 1시간 동안 2차 발효한다.

2. 오븐을 190도로 예열한다. 35분간 또는 진한 황금빛을 띨 때까지 굽는다.

3. 페이스트리가 따뜻할 때 남은 메이플 시럽을 발라준다. 완전히 식혀서 낸다.

TIP 이 레시피에서 메이플 시럽 대신 꿀을 사용해도 된다. 좋아하는 종류의 꿀로 대체해보자.

산출량: 데니시 6개

준비 시간: 8시간

굽는 시간: 35분

준비된 데니시 도우 1,350g

메이플 시럽 ⅓컵

연한 갈색설탕 55g

빻은 넛맥 ½티스푼

응용 레시피

크랜베리 피스타치오 트위스트: 메이플 시럽을 뺀다. 도우를 자른 뒤에 브러시로 달걀물을 바른다. 갈색설탕과 넛맥 대신에, 말린 크랜베리 다진 것 55g과 피스타치오 다진 것 55g을 뿌린다. 도우를 꼬아준다(137페이지 참조). 유산지를 깐 베이킹 시트 위에 도우를 올리고, 떨어진 토핑이 있으면 모아서 다시 위에 뿌린다. 위에서 제시한 과정대로 굽는다.

베리 믹스 데니시 핀휠

4:1

THE RECIPE 이 레시피를 집에서 만들 때, 나는 홈메이드 듀베리(dewberry) 잼을 넣고 위에는 듀베리를 통째로 얹는다. 듀베리를 구입하는 것은 불가능에 가깝지만, 다행히도 우리 집 뒤의 숲에서 구할 수 있었다. 그리고 또 다행인 것은 이 레시피엔 거의 모든 종류의 베리를 사용해도 된다는 사실이다. 제철 베리를 사용해 만들어보자.

THE RATIO 이 레시피에서는 도우와 필링의 비율이 4:1이다.

산출량: 데니시 6개

준비 시간: 8시간

굽는 시간: 35분

준비된 데니시 도우 1,350g

홈메이드 딸기잼 170g [77페이지 참조]

옥수수 전분 15g

신선한 블루베리 85g

신선한 블랙베리 85g

1. 137페이지의 핀휠 만드는 법 1단계 설명에 따라, 6개의 사각형 도우를 만든다. 딸기잼과 옥수수 전분이 잘 어우러질 때까지 섞는다. 작은 스푼으로 딸기잼을 수북이 떠서 각 도우의 가운데에 얹는다.

2. 137페이지 핀휠 만드는 법 2단계와 같이, 각 모서리를 접어 바람개비 형태를 만든다. 잼을 조금 더 얹고 그 위에 블루베리와 블랙베리를 얹는다. 도우를 발효 용기에 넣거나(120~121페이지 참조) 키친타올로 덮어 1시간 동안 2차 발효한다.

3. 오븐을 190도로 예열한다. 35분간 또는 껍질이 진한 황금빛을 띨 때까지 굽는다. 완전히 식힌 뒤 낸다.

신선한 과일 VS 구운 과일

페이스트리에 신선한 과일을 얹는 것을 좋아하면 굽는 과정이 끝난 후에 베리를 얹도록 한다. 물론 구운 과일과 신선한 과일, 모두 이용해도 된다.

응용 레시피

바닐라 페이스트리 크림 포켓: 잼과 베리 대신에 바닐라 빈 페이스트리 크림(148페이지 참조)을 사용한다. 도우를 바람개비 모양이 아니라 포켓 모양(181페이지 참조)으로 만든다.

애플 슈트루델

4:1

THE RECIPE 이 슈트루델 레시피는 애플파이와 크루아상의 장점을 모두 살린 것이다. 보통의 1인분 데니시 사이즈보다 크기 때문에 풍미 좋은 애플 필링(또는 이 책에 수록된 다른 필링)을 훨씬 많이 넣을 수 있다. 자신이 좋아하는 필링으로 대체해도 된다.

THE RATIO 이 레시피에서는 도우와 필링의 비율이 4:1이다.

1. 오븐을 190도로 예열한다. 준비된 도우로 슈트루델의 모양을 잡는다(181페이지 참조). 각 슈트루델에 85g 분량의 필링을 넣고 접는다.

2. 작은 볼에 2가지 설탕과 시나몬을 담아 섞어둔다. 브러시로 달걀물을 페이스트리에 바르고, 시나몬 설탕을 그 위에 뿌린다.

3. 45분간 또는 껍질이 진한 황금빛을 띠고 필링이 끓을 때까지 굽는다. 완전히 식힌 후에 낸다.

산출량: 6인분

준비 시간: 8시간

굽는 시간: 45분

준비된 데니시 도우 1,350g

애플 스파이스 파이 필링 340g [57페이지 참조]

그래뉴당 30g

갈색설탕 30g

빻은 시나몬 1티스푼

달걀물 1개 분량

PHYLLO DOUGH

필로 도우는 부풀리지 않은 도우로, 종잇장처럼 얇은 층과 결결이 떨어지는 식감으로 유명하다. 라미네이션 도우(퍼프 페이스트리, 크루아상 그리고 데니시)들이 결결이 떨어지는 것은 버터 함량이 높기 때문이다. 그러나 필로 도우는 버터는 물론 지방을 거의 사용하지 않는다. 대신에 한 장 한 장 얇게 민 뒤에 쌓아서 굽는 방법을 사용한다. 도우의 비율은 32플라워 : 12½리퀴드 : ½지방 이다.

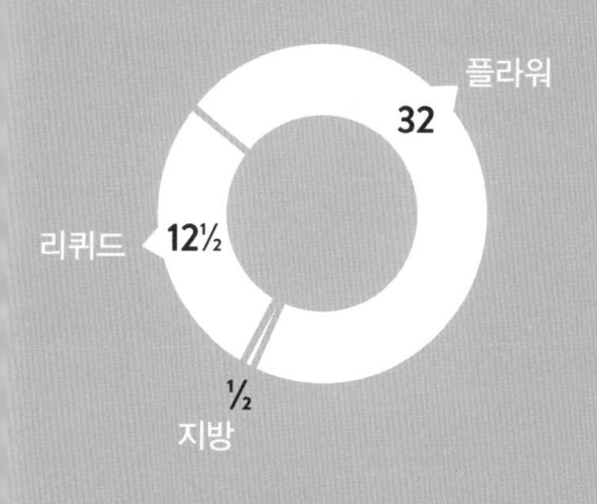

- 32 플라워
- ½ 오일
- 12 물
- ½ 식초

이 도우로 만들 수 있는 것들:

바클라바
필로 스택

필로 도우

산출량: 1,350g	준비 시간: 3시간	굽는 시간: 45분

(32) 강력분 900g
(½) 화이트 비니거 15㎖
(½) 식물성 식용유 15㎖
(12) 매우 뜨거운 물 1½컵

도우 반죽하기

필로 도우는 손으로도 스탠드 믹서로도 반죽할 수 있다.

손으로 반죽할 때

1. 큰 볼에 밀가루, 화이트 비니거, 식용유, 물을 넣는다. 도우를 젓기가 힘들 때까지 나무 스푼으로 젓는다. 다음엔 도우가 모양을 유지하고 뭉친 곳이 없을 때까지 손으로 섞는다.

2. 밀가루를 살짝 뿌린 조리대에 도우를 올린다. 손바닥을 사용하여 15~20분간 치댄다. 도우의 탄력성이 아주 좋아질 때까지 계속한다. 도우가 상당히 단단할 것이다.

3. 키친타올을 물에 살짝 적셔 도우를 덮은 뒤 1시간 동안 휴지한다.

스탠드 믹서로 반죽할 때

1. 믹서의 큰 볼에 밀가루, 화이트 비니거, 식용유, 물을 넣는다. 반죽기 후크를 끼운 후, 반죽의 모양이 잡히기 시작할 때까지 저속으로 돌린다.

2. 속도를 중고속으로 올려서 15분간, 또는 도우가 탄력성이 생기고 아주 매끄러워질 때까지 돌린다.

3. 키친타올을 물에 살짝 적셔 도우를 덮은 뒤 1시간 동안 휴지한다.

도우 밀기

1. 잘 드는 칼을 사용해 자르거나 손으로 떼어내는 방법으로 도우를 20등분한다. 도우를 한 덩이만 놔두고, 나머지는 마르지 않도록 물에 살짝 적신 키친타올로 덮어둔다. 도우를 지름 10㎝ 크기의 납작한 원반형으로 만든다. 대리석 슬랩이나 조리대에 밀가루를 살짝 뿌린 뒤에 도우를 올린다. 밀대를 몸 쪽에 두고, 바깥쪽을 향해 힘을 주어 도우를 민다. 도우를 45도쯤 돌려 다시 민다. 필요하면 조리대와 밀대에 밀가루를 묻힌다. 지름이 20㎝가 될 때까지 도우를 돌리고 밀기를 반복한다.

2. 이번엔 동그란 도우의 중앙에 밀대를 두고, 힘을 주어 바깥쪽으로 민다. 도우를 90도 돌려 다시 민다. 대충 직사각형 모양이 잡힐 때까지 돌리고 밀기를 반복한다. 도우가 아주 얇아지면 힘을 살짝 빼서 도우가 찢어지지 않도록 한다.

3. 도우의 바닥이 비치기 시작할 때까지 부분 부분에 집중해서 민다. 도우를 옮기거나 밀 때 찢어지지 않도록 조심한다. 대략 25×30㎝ 크기가 되면, 유산지를 깐 베이킹 시트로 옮기고 그 위에 유산지를 덮는다.

4. 나머지 도우들도 같은 방법으로 밀고 돌리기를 반복한다. 남아 있는 도우들은 마르지 않도록 물에 살짝 적신 키친타올로 계속 덮어둔다. 밀어놓은 도우의 사이사이에 유산지를 끼워가며 쌓아올린다. 사용하기 전에 1시간 동안 휴지한다.

보관하기

신선한 필로 도우는 금세 마른다. 하루 이상 보관하려면, 사이사이에 끼워놓은 유산지를 빼고 필로 도우 시트끼리 맞닿게 쌓은 뒤에 유산지나 랩에 싸서 즉시 냉동한다. 하루 이내에 사용하려면, 역시 사이사이의 유산지를 빼고 도우끼리 맞닿게 쌓은 후, 물에 살짝 적신 키친타올 위에 올리고 위에도 물에 적신 키친타올을 덮어준다. 냉장 보관은 1일, 냉동 보관은 1개월.

필로 도우의 조건

- **도우:** 필로 도우는 매우 단단하고 탄력성이 좋아야 한다. 밀 때 빡빡한 느낌이 있고, 아주 얇게 밀어도 잘 부서지거나 찢어지지 않는 것이 특징이다.
- **페이스트리:** 필로 도우는 일단 구워지면 결결이 잘 떨어지고 매우 쉽게 부서진다.

종잇장처럼 밀기

필로 도우만의 특징은 종잇장처럼 얇은 층이다. 섬세한 종잇장 질감을 내는 데 성공하려면 2가지 핵심 요소가 필요하다. 첫째, 도우를 오랜 시간 치대서 글루텐이 충분히 형성되어야 한다. 둘째, 도우를 밀기 전에 충분한 휴지 과정을 거쳐 글루텐이 완전히 안정되어야 한다.

도우를 소량씩 밀어야 하므로 오랜 시간과 인내가 요구된다. 처음엔 도우가 잘 달라붙지 않으므로 대리석 슬랩이 큰 도움이 안 되지만, 시간이 갈수록 도우를 다룰 때 유용하다. 도우가 약간 투명해지면 밀가루를 더 이상 뿌리지 않아도 된다.

산출량에 대하여

밀기와 휴지하기를 끝낸 필로 도우 시트 1장 또는 레시피의 1/20 분량은 반으로 잘라 하프 시트로 만들 수 있다. 하프 시트 40장 정도면 소량의 페이스트리를 만들기에 충분하다.

필로 다루기

필로 도우 만들기는 반복 작업이다. 필로를 한 장씩 다룰 때, 나머지는 물에 적신 키친타올로 덮어 도우가 마르지 않게 해야 한다. 필로 도우로 페이스트리를 만들 때는 어떤 필링, 토핑, 소스든지 미리 만들어두어 재빨리 세팅할 수 있도록 한다. 녹인 무염버터를 도우의 각 층 사이에 발라주면 층들이 결합될 뿐 아니라 풍미를 더하고 결결이 떨어지는 식감을 만든다. 필로 도우로 만든 페이스트리는 즉시 구워야 한다.

하프 시트

도우 시트를 층층이 쌓는다.

2

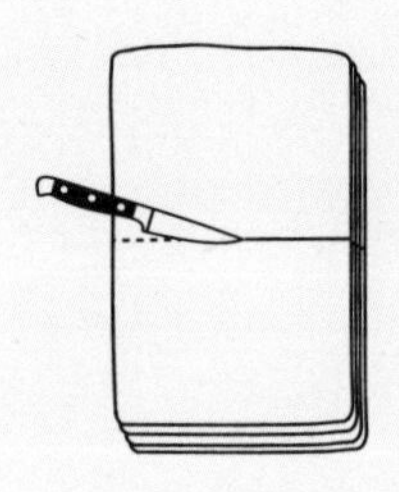

잘 드는 칼로 도우의 가운데를 자른다. 바닥에 있는 시트까지 깔끔하게 잘라낸다.

바클라바

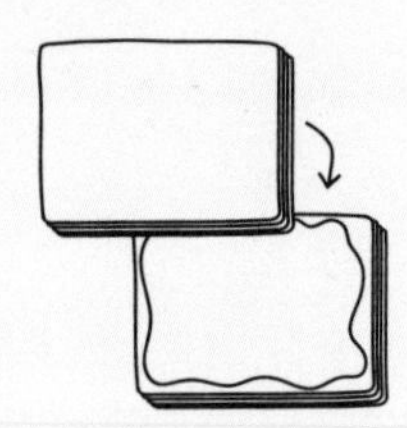

하프 시트를 쌓아 바클라바를 준비한다(199페이지 레시피 참조). 바클라바를 구운 후에 식도록 둔다.

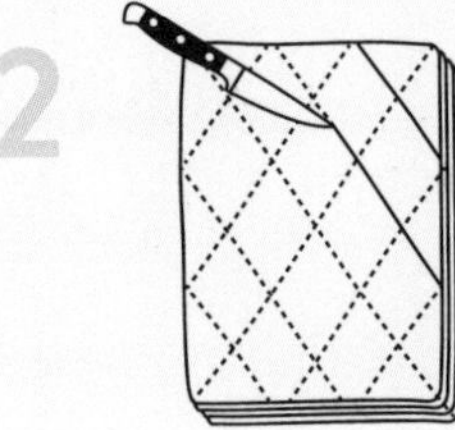

잘 드는 칼로 그림과 같이 대각선으로 자른다. 반대쪽으로도 대각선(9㎝ 간격)으로 자른다.

정사각형

1

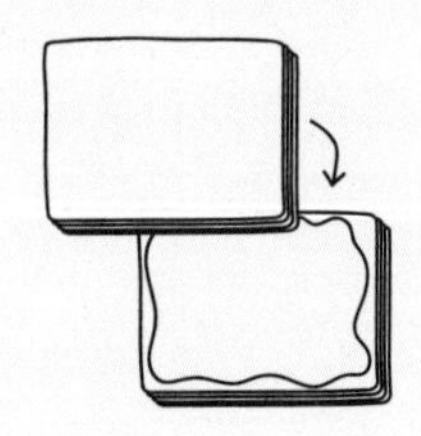

하프 시트를 쌓아 스택을 준비한다(201페이지 레시피 참조) 스택을 구운 후에 식도록 둔다.

2

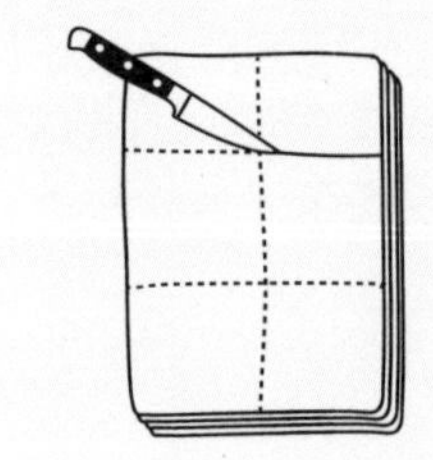

짧은 쪽 면은 2등분하고, 긴 쪽 면은 3등분한다.

PHYLLO DOUGH RECIPES

필로 도우 레시피

바클라바

3:2

THE RECIPE 바클라바는 사실상 필로와 동의어라 할 수 있다. 오토만 제국에서 유래했다고 알려진 이 페이스트리는 층층이 쌓인 도우 사이에 견과류를 듬뿍 넣고 위에 허니 글레이즈를 뿌린다. 맛이 진하고 풍미가 가득하며 결결이 뜯어지는 식감을 가진, 정말이지 완벽한 페이스트리다.

THE RATIO 이 레시피에서는 도우와 필링의 비율이 3:2이다.

산출량: 페이스트리 12개

준비 시간: 3시간

굽는 시간: 45분

준비된 필로 도우 1,350g

꿀 250㎖

시나몬 스틱 1개

통 클로브 4개

오렌지 제스트 1티스푼

레몬 제스트 1티스푼

곱게 다진 피스타치오 110g

곱게 다진 호두 55g

곱게 다진 아몬드 55g

녹인 무염버터 230g

1. 도우 시트를 반으로 잘라 15×25㎝의 하프 시트 40장으로 만든다. 물에 살짝 적신 키친타올로 덮는다. 오븐을 190도로 예열한다.

2. 꿀, 시나몬 스틱, 클로브를 작은 냄비에 넣고 중불로 가열해 보글보글 끓인다. 10분간 또는 분량이 ⅓로 줄 때까지 조리한다. 오렌지 제스트와 레몬 제스트를 더해 젓는다. 이렇게 만들어진 시럽은 한쪽에 식도록 둔다. 준비된 견과류를 작은 볼에 담는다.

3. 베이킹 시트에 유산지를 깐다. 필로 도우 1장을 유산지 위에 올린다. 브러시로 녹인 버터를 고루 펴 바른다. 9회 반복한다. 10번째 시트 위에 견과류의 ⅓ 분량을 고루 뿌려준다. 버터를 발라가며 10장을 더 쌓은 뒤 견과류의 ⅓ 분량을 뿌린다. 이 과정을 1회 더 반복해 견과류의 마지막 ⅓을 뿌린다. 다시 버터를 발라가며 마지막 시트 10장을 그 위에 쌓는다.

4. 구멍 뚫린 스푼을 사용해 2단계의 시럽에서 향신 재료들을 건져낸다. 시럽의 절반 분량을 페이스트리 위에 바른다.

5. 45~60분간 또는 황금빛을 띠고 결결이 떨어질 때까지 굽는다. 따뜻할 때 나머지 절반의 시럽을 바른다. 식힌 후, 조각으로 잘라(196페이지 참조) 낸다.

자신만의 레시피 만들기

견과류와 향신 재료를 응용해 독특한 레시피를 만들 수 있다. 피스타치오, 꿀, 라임 제스트 시럽만 쓰면 보다 상큼해진다. 진한 풍미를 원한다면 곱게 다진 호두, 피칸, 헤이즐넛을 넣고 시럽에는 시나몬, 클로브, 넛맥을 더해보자.

선 드라이 토마토 스택

2:1

THE RECIPE 이 필로 스택은 바클라바의 세이버리 버전이라 할 수 있다. 다진 견과류와 꿀 시럽 대신에 신선한 허브, 발사믹 식초, 그리고 각종 치즈를 채워 넣으면 된다.

THE RATIO 이 레시피에서는 도우와 필링의 비율이 2:1이다.

산출량: 페이스트리 12개

준비 시간: 3시간

굽는 시간: 45분

준비된 필로 도우 1,350g

녹인 무염버터 230g

굵게 다진 선 드라이 토마토 230g

곱게 다진 신선한 타임 1테이블스푼

발사믹 식초 60㎖

강판에 간 샤프 체다 치즈 110g

강판에 간 파마산 치즈 30g

1. 도우 시트를 반으로 잘라 15×25㎝의 하프 시트 40장으로 만든다. 물에 살짝 적신 키친타올로 덮는다. 오븐을 190도로 예열한다.

2. 베이킹 시트에 유산지를 깐다. 도우 시트 1장을 올리고 브러시로 녹인 버터를 골고루 펴 바른다. 이를 9회 반복한다. 선 드라이 토마토, 타임, 발사믹 식초, 치즈의 ⅓ 분량을 10번째 시트 위에 고루 뿌린다. 버터를 발라가며 10장을 더 쌓은 뒤 필링의 ⅓ 분량을 위에 뿌려준다. 이 과정을 1회 더 반복한 후, 필링의 마지막 ⅓ 분량을 뿌린다. 버터를 발라가며 다시 남은 시트 10장을 쌓는다.

3. 45~60분간 또는 황금빛을 띠고 결결이 떨어질 때까지 굽는다. 잠깐 식힌 후에 정사각형 조각으로 잘라(196페이지 참조) 낸다.

INDEX

찾아보기

ㅈ

ㅊ

ㅋ

ㅌ

ㅍ

ㅎ

세이버리 레시피

필링과 토핑

지은이_러셀 반 크래옌버그(Russell van Kraayenburg)

베이킹광이자 페이스트리 러버인 그는 『Southern Living』, 『Men's Fitness』, 『Redbook』, 『TRADhome』, 『Real Simple』, 『Houstonia』 등의 잡지와 「Lifehacker」, 「Fast Co.」, 「Business Insider」, 「The Kitchn」, 「Live Originally」, 「Quipsologies」, 「Explore」, 「Fine Cooking」 등의 웹사이트에 자신의 작품을 소개했다. 베이킹을 좋아하는 사람이든 베이킹 공포증에 시달리는 사람이든 거품기와 스푼을 들 수 있도록 새롭고 신나는 베이킹 방법을 늘 연구하고 있다. 「Chasing Delicious」라는 인기 블로그를 운영하고 있으며 저서로는 『Haute Dogs』가 있다.

감사의 말

요리책을 쓰는 일은 페이스트리를 만드는 일과 별반 다르지 않다. 시간이 오래 걸리는 만큼 매우 보람된 일이니까. 맛을 보겠다며 오랜만에 연락해온 친구들과 허기진 친구들의 헌신과 열정, 창의력 덕분에 이 책이 결실을 맺게 되었다. 그분들에게 빵 몇 개를 주는 것 이상으로 감사를 표하고 싶다.

우선 버터를 발명한 분께 감사를 전한다. 몇 시간 동안 손으로 우유를 휘저으면 어떻게 되는지가 궁금했던 호기심은 정말 대단한 것이었다. 두 번째로 나의 담당 편집자인 티파니 힐에게 감사를 표한다. 그녀는 내게 '1. 페이스트리를 만든다'라는 말로는 레시피를 설명하기 어렵다는 사실을 계속해서 일깨워줬다. 이 책을 디자인해준 앤디 레이드와 내가 좋아하는 음식에 대해 수다를 한껏 떨 수 있게 해준 환상적인 퀄크 팀에게 찬사를 보낸다.

나의 형제 메이슨과 어머니께도 감사의 말을 전하고 싶다. 이 책의 사진에 실린 페이스트리를 만들고 스타일링하는 과정에 도움을 주었다. 그리고 이후에 나에게 영수증을 보내거나 하지 않아서 더욱 고맙다.

여기 실린 레시피들은 다음의 세 사람이 없었다면 탄생하지 못했을 것이다. 휴스턴의 플러프 베이크 바에서 함께 일했던 페이스트리 셰프 레베카 멘슨과 레베카의 오른손인 킴벌리 누엔이다. 두 사람은 내가 던진 모든 질문에 답해주었다. 또한 자신의 스승 또 스승의 스승에게서 전수받은 업계 내부의 비법을 나에게 가르쳐주었다. 마지막으로 이 책의 모든 레시피를 하나하나 테스트할 때 도움을 준 친구 조나단이 없었다면 결코 마감일을 맞출 수 없었을 것이다.

옮긴이_크리스탈 문

크리스탈 문은 서울에서 태어나 청소년기를 보내고 도미해, 캘리포니아 버클리대학교에서 경제학을 전공했다. 여성지에 쿠킹, 라이프스타일에 관한 글을 기고하고 다양한 주제의 서적, 논문 등을 번역 · 감수했다. 현재 서울대 국제대학원에서 한국학을 전공하고 있다. 옮긴 책으로는 『도나 헤이 시즌스』, 『POPS!』가 있다.